罗比·恩格勒（Robi Engler）

瑞士籍。1975年创办"想象动画工作室"，致力于动画电视与影院长片创作，并热衷动画教育，于欧、亚、非三洲客座教学数年。著有《动画电影工作室》一书，并被翻译成四国语言。

with head and
hands ...
all the best to
Animation Students
keep animating!
Robi Engler

祝愿所有学习动画的学生，用你们的
头脑和双手，创作出优秀的作品！

罗比·恩格勒

凯文·盖格（Kevin Geiger）

美国籍。现任北京电影学院客座教授。曾担任迪斯尼动画电影公司电脑动画以及技术总监、加州艺术学院电影学院实验动画系副教授。在好莱坞动画和特效产业有将近15年的技术、艺术和组织方面的经验，并担任Animation Options动画专业咨询公司总裁、Simplistic Pictures动画制作公司得奖动画的制片人、非盈利组织"Animation Co-op"的导演。

THE FUTURE OF ANIMATION IN CHINA IS IN THE HANDS OF YOUNG TALENT LIKE YOURSELVES. TOMORROW'S LEGENDS ARE BORN TODAY!

CHEERS,

Kevin R.

KEVIN GEIGER
WALT DISNEY ANIMATION

中国动画的未来掌握在年轻人手中，就如同你们自己。今天的你们必将成为明天的传奇！

凯文·盖格

盖瑞·梅尔斯（Gary Mairs）

美国籍。美国加州艺术学院电影学院院长、电影导演工作坊创办人之一。在电影界有多年的创作经验。曾导演和监制电影短片《醒梦》(2007)、《说出它》(2008)、《海明威的夜晚》(2009)，担任官方纪录片《出神入化：电影剪辑的魔力》(2004)的艺术指导。在线上专业杂志包括《摄影机的低架》、《烂番茄》。发表多篇专业论文，著作有《被控对称性：詹姆斯·班宁的风景电影》。

Best wishes for the future of your work with animation students

Gary Mairs

祝愿动画学生的作品拥有美好的未来！

盖瑞·梅尔斯

孙立军

北京电影学院动画学院院长、教授。

现任国家扶持动漫产业专家组原创组负责人、中国动画学会副会长、中国电视艺术家协会卡通艺术委员会常务理事、中国成人教育协会培训中心动漫游培训基地专家委员会主任委员、中国软件学会游戏分会副会长、中国东方文化研究会漫画分会理事长、国际动画教育联盟主席、微软亚洲研究院客座研究员、北京电影学院动画艺术研究所所长。

主要作品有：漫画《风》，动画短片《小螺号》、《好邻居》，动画系列片《三只小狐狸》、《越野赛》、《浑元》、《西西瓜瓜历险记》，动画电影《小兵张嘎》、《欢笑满屋》等。

曾担任中国中央电视台少儿频道动画片、"金童奖"、"金鹰奖"、"华表奖"、汉城国际动画电影节、2008奥运吉祥物设计、世界漫画大会"学院奖"等奖项的评委。曾获中国政府华表奖优秀动画片奖、中国电影金鸡奖最佳美术片奖提名等奖项。

flash动画入门

[美] 埃里克·葛雷布勒 编著

孙 哲 高一琼 译

谷云云 张 晔

孙立军 审译

中国科学技术出版社

·北 京·

图书在版编目(CIP)数据

Flash动画入门／（美）葛雷布勒编著；孙哲等译．—北京：中国
科学技术出版社，2009.9
（优秀动漫游系列教材）
ISBN 978-7-5046-4970-6

Ⅰ.F... Ⅱ.①葛...②孙... Ⅲ.动画-设计-图形软件，Flash-
教材 Ⅳ.TP391.41

中国版本图书馆CIP数据核字（2009）第157627号

本社图书均贴有防伪标志，未贴的为盗版图书

作　　者　[美] 埃里克·葛雷布勒
译　　者　孙　哲　　高一琼　谷云云　　张　晔
审　　译　孙立军

策划编辑　肖　叶
责任编辑　胡　萍　　徐姗姗
封面设计　阳　光
责任校对　张林娜
责任印制　安利平
法律顾问　宋润君

中国科学技术出版社出版
北京市海淀区中关村南大街16号　邮政编码：100081
电话：010-62103210　传真：010-62183872
http://www.kjpbooks.com.cn
科学普及出版社发行部发行
北京盛通印刷股份有限公司印刷
*
开本：700毫米×1000毫米 1/16 印张：12.5 字数：220千字
2009年9月第1版　2009年9月第1次印刷
ISBN 978-7-5046-4970-6/TP·363
印数：1-5 000册　定价：49.00元

目录

导言

欢迎并恭喜你购买了这本《Flash动画入门》。如果此时的你正徘徊在书店里或者正在网上阅读这篇导言，那么你还在等待什么？赶快把它购买下来，开始和我们一起投入动画制作的学习中吧。

我不是一个读心术专家。事实上，我也没有奇异的超能力。但是我还是想试着猜猜看你是谁。你大概是一位对动画制作很感兴趣的少年，而且你正在寻求一些很有利的资源来帮助你入门。如果的确如此，那么你就算找对教材了；或者你可能是一位青少年的家长，正在选择一本好教材来帮自己的孩子学习动画制作，再次重申，果真如此的话，您找对教材了；最后还有一种可能，你既不是一位青少年也不是少年的家长，你只是一位对动画制作产生兴趣并且渴望得到一本对初学者很有帮助的书籍，而这本书也不会因为有大量的专业术语和令人费解的指导说明让你惊恐和迷惑。事实上，这本书是专门为任何对学习动画制作感兴趣的人所打造的，所以完全不需要任何经验。

本书目标

如果你参加过空手道培训班，你应该知道在成为黑带高手前还要努力获得好几种不同颜色的腰带。即使你已经成为一位黑带高手，还要根据你的专业技能水平分为好几段。比如说，要成为一名十段黑带高手，你必须经过17级。谈空手道是为了作类比说明，如果说动画制作有17级，本书将会帮你提高到10级的水平。这本书的目标是为你打下坚实的动画制作基础，以达到你可以制作动画和自我实践的水平。学完这本书你并不会成为动画制作专家，要达到专业水准，还需要花很多的时间，最重要的是需要大量的练习。这本书是为了那些只有一点甚至一点动画制作经验都没有的人所设计的；因而某些超出初学者该掌握的难度范围的部分是被排除在外的。

如何使用本书

这本书的使用可分为三个步骤：
1. 翻动书页；
2. 阅读；
3. 重复第一、第二步。

人们使用动画是为了制作不同种类的动漫，包括游戏、网站、独立的计算机程序以及卡通。虽然本书将教授你的可以应用于以上所有类型的动画，但当你学成之后仍要继续探究那些解决具体的动画使用方法的资源。这些资源将在第11章中集中讨论。

这应该不是很难吧？很明显，我只是在打趣，但我的意思是要从这本书的开头学起，一章一章地、不要丢掉任何细节地学下去是个不错的办法。这是因为本书的大部分章节都是建立在其之前章节基础上的，如果你没有学习前一章，你就有可能在完成个别任务时遇到困难而难以继续。当你通读一遍本书之后，就可以随意地跳至某个部分进行温习，或者根据索引以及内容目录来查询任何个别项目的具体信息。

Mac系统和PC

这本书里的指导说明和截图均来自个人计算机，但是这些信息中的绝大多数信息和说明也同样适用于Mac系统。最显著的区别主要是键盘快捷键的使用，但是转换方式非常简单。大多数PC键盘快捷键都需要使用Ctrl键。几乎所有情况下，PC上的Ctrl键都可以在Mac上用命令键来简单地取代。打个比方，如果一个PC键盘快捷键为Ctrl+C（也就是说，按着Ctrl键的同时按下C键），与此对应，在Mac系统上则是命令键+C键（按下命令键的同时按下C键）。无论任何时候Mac系统出现键盘快捷键不能工作的情况，你都可以打开Edit菜单，上面将会显示全部相关快捷方式菜单，你只需选中其中的键盘快捷键。接下来会出现一个对话框，上面显示的是这个程序的全部命令；轻轻点击一个命令来看看它的快捷键是什么。如果你愿意，你还可以为那个命令设计一个新的快捷方式。

版本

这本书的内容是当前业内的最新消息，即依据Flash 8软件的界面编写。也就是说，如果你手上的是之前较早的版本（或之后的版本，对于此类情况），你照样能够完成本书所设置的大多数的实例练习。一些软件在版本的更替中并没有随时更新，所以如果本书中的某个步骤在你的动画版本中不能运行，可以咨询帮助文件（参照本书第11章获取帮助信息）来确定是否有其他方法来完成任务。

专家文档

你从大多数的书籍中获取的指导和意见都仅仅来自于一个人——作者。而本书却同时拥有几位动画专家的极有价值的观点和意见。通过本书，你可以看到"专业文档"，即对不同岗位的几位动画专业人士的采访，他们都将动画作为工作的一部分。提供这些专业文档是为了使你更深地了解动画可以被使用到的不同领域，同时为你提供一些来自不同行业的人们的提示和帮助。

第一章
生动的动漫制作介绍

如果你有兴趣学习Flash并使用它来创作动画作品，这一章会概括地介绍各种创作方法，从下一章开始学习具体技巧。其实你并不需要读到最后一句，如果你想的话也可以跳过这一章。但是如果你是Flash初学者，我猜你们当中许多人都是，那么你可能想仔细阅读这一章。在这里我将迅速地让你了解：什么是动画及其运作方式以及一个优秀的动画作品包括哪些组件。我保证一切会很简短，以便让你能够顺利地进入下一章的学习。

什么是动画

如果你向10位不同的"专家"询问什么是动画，你很有可能会得到10种不同的答案。为什么会有这样大的差异？因为动画可以呈现出很多的不同形式。我对动画的定义是：它是一种通过不停切换不同的帧，从而在静止的屏幕中创造出移动的幻觉的一种技术手段。

奇怪的是，当你想到动画这个词的时候，首先浮现在脑海的可能是一部你最喜欢的卡通作品，比如《恶搞之家》和《辛普森一家》，或者是一部电影，如《海底总动员》及《怪物史莱克》。虽然这些卡通片都采用了动画是不争的事实，但创作这些杰出作品的方法和我将要在这里探讨的技术还是略有差别。在这本书里，当我提及动画，我所指的是那些用Flash软件创造出来的动画。Flash动画主要被网站所用，但也可以被视为是独立的资料以和众人分享。Flash动画一般都较短——基本为几秒钟到一分钟——不同于你所喜好的卡通电视和电影，它们不要求一个团队来制作。通常情况，你自己就可以创造出一部给人深刻印象的动画。

一部动画如何运行

我猜想，不管在多大的时候，你曾创作过一些翻页本卡通。如果你还没有，制作一个是非常简单的。准备一个包含至少有些页数的笔记本，在第一页的右下角画一个图像。在第二页，也画下同样的图像，不过要把它稍作调整，使其与之前那幅略有不同。可以是位置的不同，大小的不同，或改变一下其他诸如颜色、文字、外形等方面的特征。在剩余的几页重复这一步骤，使得每页上图像的特征都有所不同。当完成以上工作后，迅速翻动这些纸张，这样一来，你的图像就仿佛有了生命般活动起来了。

Flash中的动画制作理念其实也是一样的。事实上，在Flash中，充当翻页本上的纸页的等价物被称之为帧。当动画被放映时，每一个帧在银幕上的停留时间都不到一秒钟。由于帧被切换得非常快，你根本区分不出它们，但这些帧轮流出现在屏幕上时便产生了动画。

图1.1阐释了你如何通过改变每个帧上的角色的外表，从而在动画中制作出运动的视觉效果。仔细观察每个帧上的主要改变部分：乌龟的腿、胳膊、头，植物的位置，以及云朵的位置都被改变了。如果你快速地将这些帧分别展示，就会使得这只乌龟看起来好像正在走路。

图1.1 通过在连续的帧上移动海龟的腿部、胳膊、头部的位置以及背景中的植物和云彩的方位，在播放动画的时候，你制作出的将是动态的幻觉。

什么是Flash

我们可以把Flash看作是两方面的结合体。一方面，Flash是一个绘画程序，它允许你创造任何角色、背景，或者你能想象的一切事物。另一方面，Flash赋予你所画的事物以生命和活力，这不仅仅依靠它提供给你的在不同画面上绘画的能力，还有帮助你在一个个帧上制作动画的各种工具。第二章"动画之旅"探究了播放Flash的屏幕的不同部分，本书剩余章节则涵盖了Flash所提供的为创作杰出的动画作品所需的各种工具和技术。

计划你的动画

我曾经教过一门课程叫做"在你的巅峰发言——实用演讲技能"。在课上我教给学生最基本的要点是7个P：事先（prior）充分(proper)的准备(preparation)可以防止(prevent)演讲者(presenter)糟糕的（poor）表现(performance)。那么这些和你有什么关系呢？动画制作的最关键的地方就是做好事前计划，可以使之后的一切工作都有方向条理——或者做一切事情都应该遵循同样的道理。比如说，当建造房子时，承包商不会买来木头再开始苦心研究，建造者必然要遵循于设计师所制定的那个周密的计划。这与你制作动画是一样的。如果你没有一个适当的计划，只是坐在电脑前开始试着在Flash上创作一个动画，那么你很快就会遇到困境从而使你心烦意乱，一切都不如意。当计划你的动画时，你一定要牢记以下几点。

观众

考虑一下你的动画是要给谁观看，在接下来的动画设计和制作过程中都要时刻考虑这个问题。一部设计给幼儿看的动画和一部设计给青少年看的动画必然存在一些不同元素。

故事线索

即便是最简单的动画，也要讲述事情。这些事情——你的动画中出现的某个或某些事件——被称之为"故事"。作为一个Flash制作者，你应该将你这部动画的故事写下来。而故事则由两个要素构成：情节和角色。

情节

与小说一样，动画中的情节也必须与发生的事件有关。尽管你的动画只有短短几秒长，它也一定要有情节。当构建你的故事的时候，你一定要将你的动画中要发生的事情写下来。

角色

一般情况下，动画中最吸引人的就是主人公或其中的角色。如果你设计的一个角色很吸引观众，那么观众就会很投入地去看你的动画，时刻等候着观看接下来会发生什么。在制作你的角色之前，你就要设想好他们会是什么样子，有着什么样的声音。最根本的问题是，你制作的角色类型将会被你的想象所限制，不过图1.2提供了一些可以激发你灵感的例子。为了给你的创造过程一些帮助，在设计你的角色前先问问自己以下的问题：

◆ 这个角色有多高？
◆ 这个角色如何走动？他或她会说话吗？会跑吗？会爬吗？会跳吗？
◆ 这个角色走动得很快还是很慢？
◆ 这个角色穿什么衣服？
◆ 这个角色会拿着什么东西吗？
◆ 这个角色会是什么颜色的？
◆ 这个角色说话吗？
◆ 这个角色的声音听起来像什么？
◆ 这个角色会有什么面部表情？
◆ 这个角色有什么独特的才能或者是特征？
◆ 这个角色是来自一幅画、一张照片，还是两者的综合体？

分镜头脚本

把你的想法写下来以后，就应该制作一个分镜头脚本。分镜头脚本是指将你动画里的角色和动作用图画表示出来的展示方式。你可以把分镜头脚本当作你的动画的连环画版本。在分镜头脚本上大体勾勒出动画中每个场景的播放效果图。分镜头脚本通常是黑白的草稿图，同时标有一些描绘性的文字，如图1.4所示。

虽然制作分镜头脚本是个不错的主意，但我并不建议你为每部动画都制作分镜头脚本。它们只适用于那些剧情较长较复杂的动画。

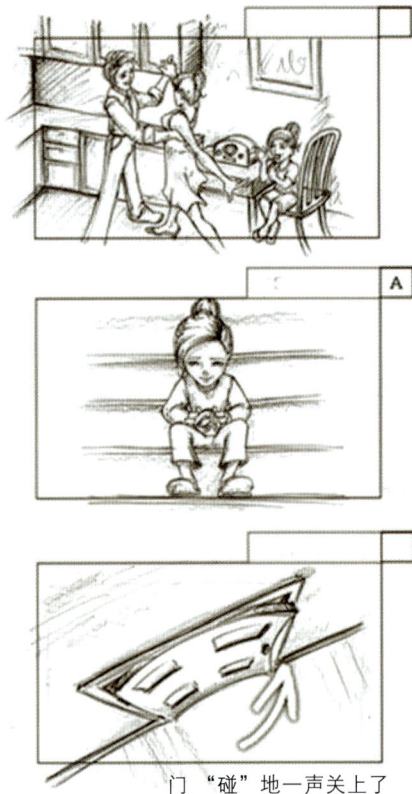

一个快乐的女孩在弹钢琴

门"碰"地一声关上了

图1.4 分镜头脚本是动画的视觉展示。

动画

　　正如我之前提到的那样，当一个物体在帧和帧之间发生改变时，便可以产生动画。毫不夸张地说，Flash有几百种方法来赋予这个物体动感。所以，你在阅读并学习本书时将会一遍一遍地使用到一些动画制作的基本技能：

◆ **动作** 将一个物体的位置在帧之间变换可能是动画制作最通用的方法了。通过改变不同的帧上的同一物体的位置，即可以达到运动的视觉效果，如图1.5所示。

◆ **旋转** 把一个帧上的物体旋转到另外一个帧上，这样播放动画时这个物体就有了疾驰的感觉。如图1.6所示。这个技能非常常见，尤其是想让车轮转动起来时。

图1.5 当改变了不同帧上同一物体的位置，运动的视觉效果便出现了。

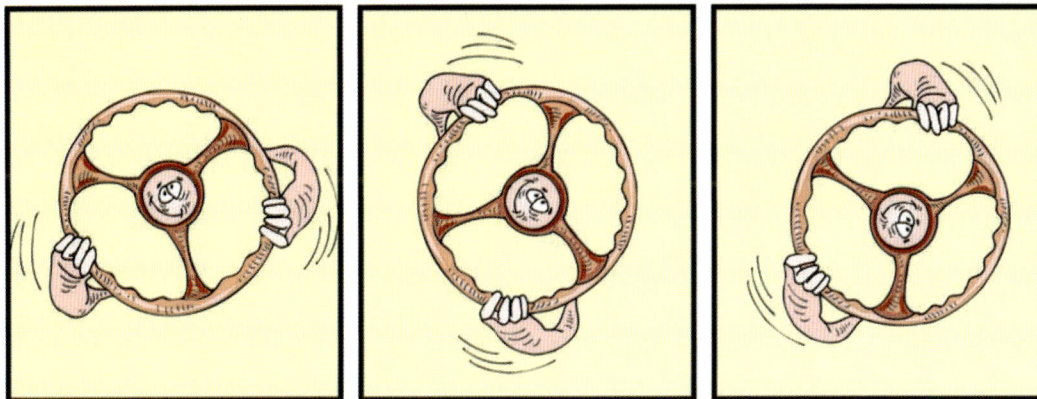

图1.6 把一个帧上的物体旋转到另外一个帧上，那么播放动画时就会让这个物体看起来仿佛在疾驰。

◆ **大小** 当你将前后帧上同一物体的大小改变后，动画播放时这个物体仿佛在生长或是缩小，如图1.7所示。

◆ **颜色** 你可以改变不同帧上同一物体的颜色，这样会制造出一种非常棒的视觉效果。图1.8所示的是动画中一个改变颜色的实例。

图1.7 通过改变同一个物体在不同帧上的大小，制造出该事物生长或缩小的视觉效果。

图1.8 在播放动画时，变色龙的颜色发生改变。这仅仅是改变物体颜色的一个实际运用。

◆ **形状** 当在本书后面的章节里，你将会学到更多关于形状变换这一技术的知识，即将一个物体的形状在一个个帧之间进行改变。制作出一个原初的形状和一个最终的形状，Flash自动创建它们之间的帧。这种技术叫做形状渐变动画。

◆ **背景** 另一项在动画制作中常用的技巧是通过改变背景，而非角色和其他物体来制造出运动的视觉效果，如图1.9所示。（第八章"让你的角色动起来"将详细探讨这一问题。）

图1.9 你可以通过改变背景位置，制造出一个物体在运动的效果。

◆ **合并** 大多数动画都会将几种效果合并使用，如图1.10所示，通过合并各种效果展示出一个被投出运动场外的棒球的图像。当播放这个动画的时候，这个球看起来在旋转，且从越来越大变得越来越小，好像站在某一高处的人看到了一个棒球被掷向空中然后又返回地面一样。

这就是这一部分的全部内容了——关于动画的生动介绍（希望如此）。下一章将探讨的是Flash用户界面以及一些程序工具。你还在等什么呢？赶快翻到下一页吧！

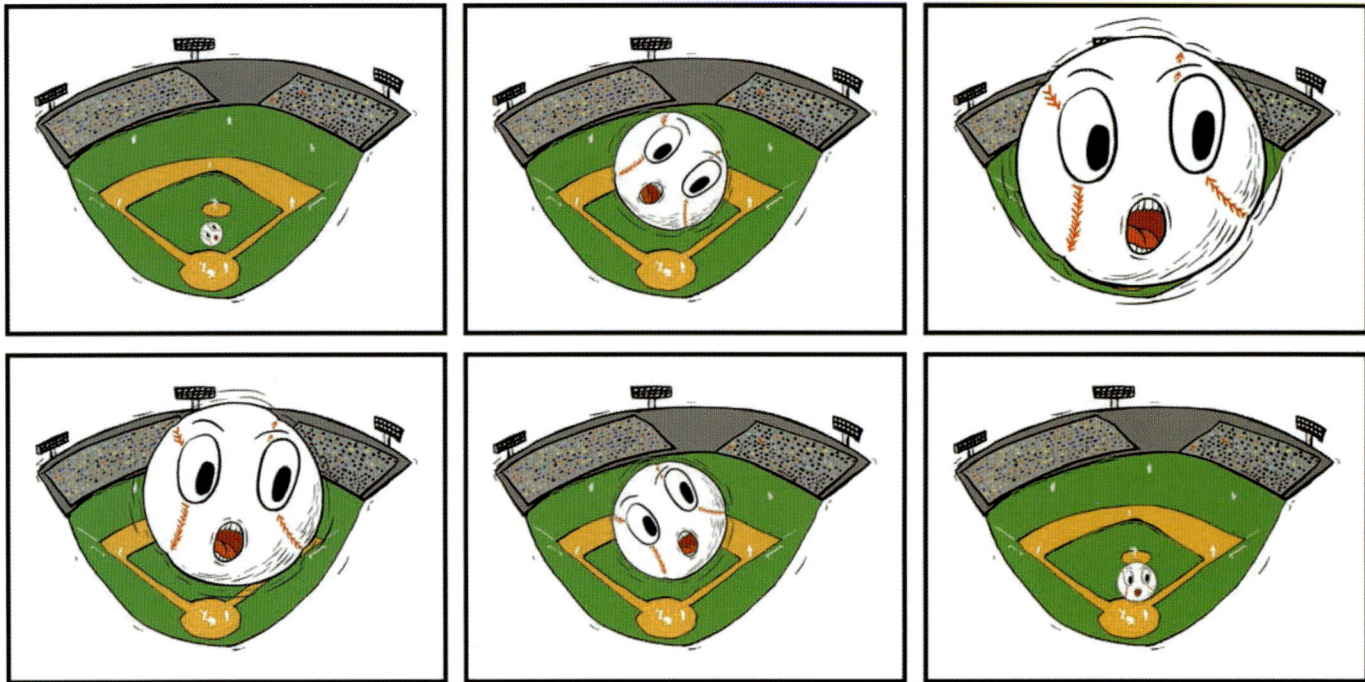

图1.10 在这组图中，我合并使用了几种动画制作技术，包括改变物体的大小，将其旋转，这样就使它运动起来了。

第二章
动画之旅

这一章将探讨Flash的用户界面，用户界面是一些电脑迷们提出的，用来描述在程序进行中屏幕上所出现的画面。第一眼看去，Flash的用户界面似乎有点吓人。上面显示有许多的工具、窗口、场景舞台区和对话框，让人眼花缭乱。不过不用担心，我是你这章的导游。通过我的一一介绍，你不仅会认识屏幕上的不同区域，你还将学习怎样改变这些屏幕组成部分的大小以及如何移动它们，并将你喜欢的保存下来。

起始页的操作

我要做一个大胆的设想：如果你正在阅读这本书，你一定已经安装了Flash,并且也简单地使用过它了，或者你至少具备一定的运行程序的电脑知识。如果并非如此，请你也不要因此而着急；如果你正在使用Windows系统，点击开始按钮，选择所有程序，单击多媒体Flash，再选择多媒体Flash 8，或者如果你使用的是Mac系统，打开应用文件夹，点击Flash图标。当你开始运行此程序时，最先看到的应该是起始页，请将这个场景舞台区当作你运行开始的地方。从这里你可以进入不同的方面去，你可以选择打开文件，制作新的动画，进入系统中的固定模板或获得帮助。在下面的部分你将学习到一些你也许会用得到的选择项。

从头开始

制作一个新的Flash动画——通常你会用固定模式来进行——在开始场景舞台区下的创建新动画栏下选择Flash文件夹，如图2.1所示。

文件的打开

　　如果你已经保存了之前所做的Flash动画（我将在下一章中讲解关于保存的问题），你可以通过点击起始页上的开始（Open）文件将其打开。当你完成这一步后，Flash将蹦出一个打开对话框（Open dialog box），如图2.2所示；通过这个对话框，你便可以操作电脑来获取你所需要的文件夹和文档。当找到你想要打开的文档，请双击它或者单击一次将它选中后再点击打开按钮。

在首页的开始链接上方，你会看到一个关于你最近保存过的八个文件的清单。你可以点击它们中的任何一个来打开动画制作。

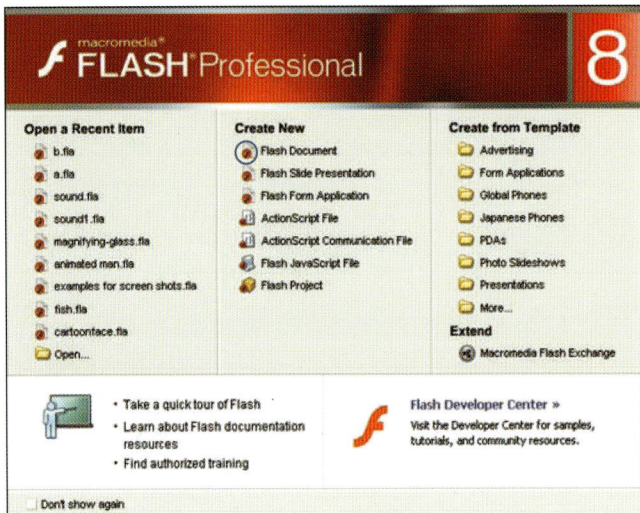

图2.1　点击Flash文件来建立一个新的Flash文件。

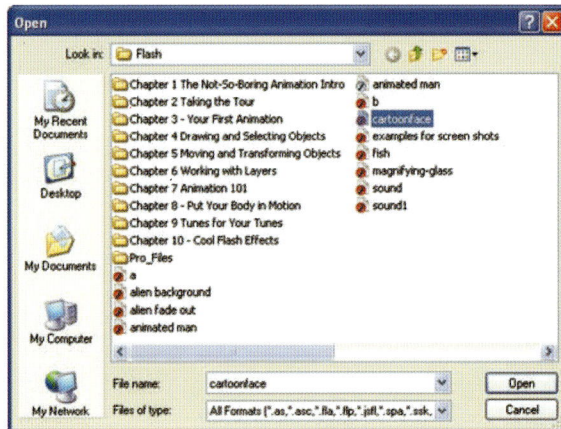

图2.2　通过打开对话框，你可以操作电脑获取你已保存的文档。

应用模板

当我听到"模板"这个词，我所想的就是那些已经完全被图表格式化了的文件、标准的内容以及我用我自己的文本来替换掉的形式文本。比如说，在Word里，就如同信件有标准的开头称呼语（亲爱的）和结尾谦称（你真诚的），专业的信件模板是以事先选择好的页边距和字体为特征的，而不是以信头的形式文件和正文的形式文本为特征的。同样的，Flash里的模板是可以使你快速建立起动画内容和形式的基本文件——页宽、页高等等。但不像Word里的模板，Flash模板没有预制内容。虽然如此，你还是可以从各种流行的文件设置中选择不同的动画类型。如果你要这么做，就任意点击一个场景舞台区右侧的模板类别，在接着出现的模板清单里选择你所要的动画类型。或者，点击更多链接的模板对话框（Template dialog box）来打开建立新的模板，如图2.3所示。在这里，你可以点击相应的类别再来选择你想打开的模板。

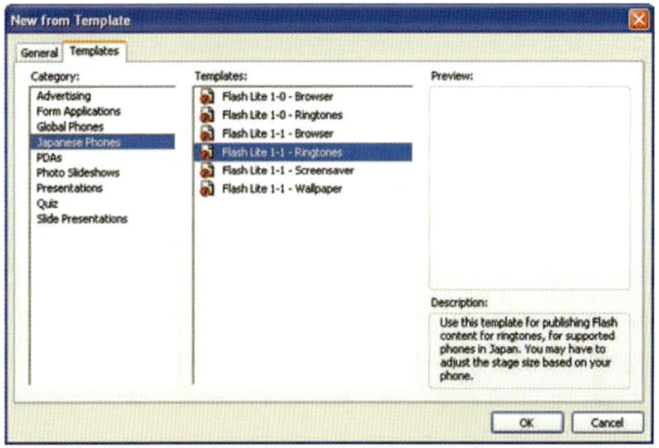

动画之旅

如果你想开始动画之旅来更多地了解Flash，点击首页上的快速阅览链接(Take a Quick tour of Flash link)。网页浏览会自动打开，你会看到一个关于程序特点介绍的视频。如果想看其他的视频，在所播放视频的窗口上方有一个视频链接（Video link）（见图2.4），点击它并选择你想收看的视频。（请注意，由于网页是不断更新的，实际视频可能与书上所展示的有些不同。）

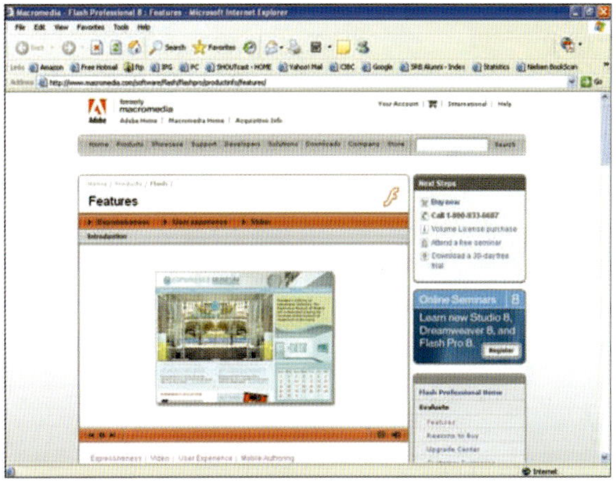

图2.3 你可以从不同的类别中选择各种各样的模板。

图2.4 将鼠标指针移至场景舞台区上方的某个链接上，你就可以随意选择你想要观看的视频了。

取消起始页

不是所有的人都喜欢起始页。事实上，很多人都更愿意一打开程序就进入到一个空白文件中。如果你不是特别喜欢使用起始页，点击"下次不再出现"（Don't Show Again），如图2.5所示。这样就会出现一个对勾标志，并且会弹出一个对话框，如果你改变了主意，这个对话框会提供给你恢复首页的说明。点击OK后，下次你打开Flash，一个新的空白文件将会代替原先的起始页出现。

如果你将首页取消后，感觉有必要再使用它，那么你可以通过打开编辑菜单(Edit menu)点击选择项(Preferences)来恢复它，如图2.6所示，确定选中场景舞台区左边的项目栏中的一般选项(General option)，打开启动下拉菜单(On Launch drop-down list)，再选中显示起始页(Show Start Page)。（或者也可以随意选择一个其他的菜单选项。）

Flash Animation for Teens

图2.5 选择该项取消起始页。

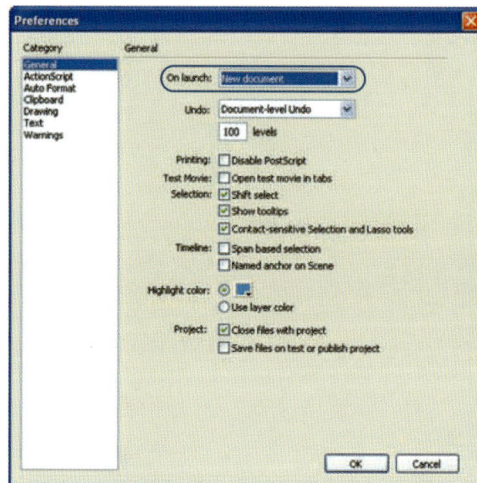

图2.6 当程序启动时，你可以选择执行一个命令。

菜单栏的操作

　　如果你曾使用过电脑程序，我估计你应该也曾使用过菜单栏(Menu bar)，那么你对菜单栏一定不会感到陌生。通过菜单栏可以打开程序中的大多数命令。菜单栏里的每一个单词都代表一个包含命令清单的下级菜单（如图2.7）。要打开一个下级菜单，只需点击菜单栏中的这个单词，接下来你就可以选中其中的一个命令并执行这个命令了。

　　当你打开菜单时，你会发现在一些命令的名称后有一些字母或是符号。以下是对这些字母和符号的说明：

◆ **字母** 命令后面的任何字母和数字所代表的是你可以执行该命令的键盘快捷键（如图2.8）。

◆ **三角形符号** 如果一个命令的旁边有一个三角形符号，这就意味着当你将鼠标拖至这个命令上时，将会出现一个下级选项菜单（如图2.9）。

◆ **省略号** 如果一个命令后面跟有一个省略号，那么当你点击这个命令时将会出现一个对话框（如图2.10）。

◆ **对勾符号** 命令旁的对勾符号表示该命令选项已被选中(如图2.11)。

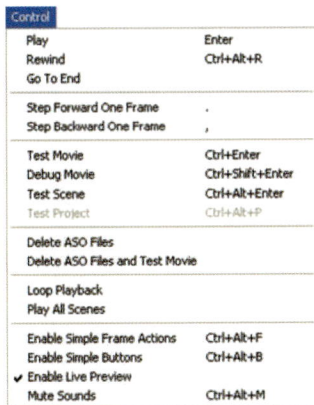

图2.7　点击菜单上的任意一个词语或短语执行命令。

图2.8　进入下一个命令的快捷键是F3。

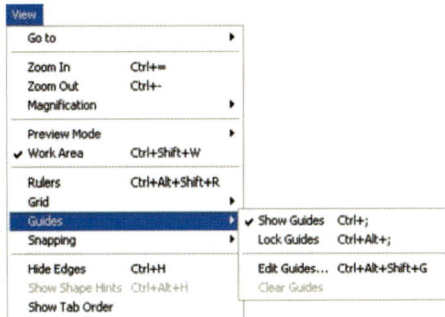

图2.9　将鼠标移至三角形符号上来打开下拉菜单。

图2.10　命令后的省略号意味着当点击该命令时将会打开一个对话框。

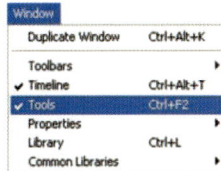

图2.11　对勾符号表示该选项已被选中。

时间轴（Timeline）的使用

回顾一下我们在上一章所学习的内容，一部动画是由不同的帧所构成，每一帧的播放时间只有零点几秒。在Flash里，时间轴（见图2.12）是这些帧的控制中心。你可以通过时间轴来处理帧、控制图层，并且安排信息在场景舞台区上的展示。

在你开始学习这一部分之前，我要求你打开Flash的一个新的空白文档，这样你就可以将现在所讨论的问题与上文联系起来。

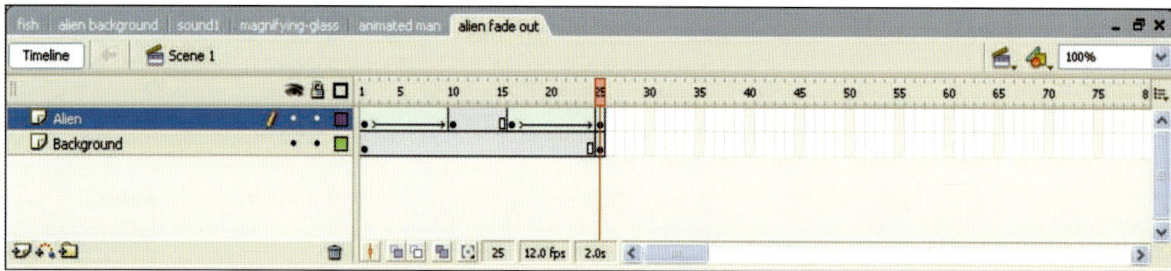

图2.12 你可以通过时间轴来控制帧和图层。

时间轴的操作

时间轴是由两个主要的部分组成的：位于左边的图层区和右边的帧区。

图层区

在第六章"图层的应用"中将详细探讨图层的问题。现在，你只需要知道当制作动画的时候，通过默认设置，一个图层就会被自动地添加进来，在这个图层上你可以放置你所制作的物体。通过这种方法，就可以将你的动画中的物体组织起来了。在时间轴上的图层区中调控各个图层，如图2.13所示。注意图层区里的图示和颜色，这两者分别代表了不同的图层选项。

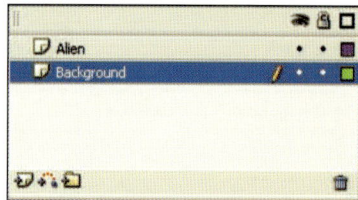

图2.13 时间轴上的图层区。

帧区

在图层区的每个图层名的右边，都有一系列的矩形。这些矩形就是时间轴上的帧区。每个矩形分别代表动画中的一幅帧。当制作你的动画时，在帧区将会出现各种各样的小符号。以下介绍的是一些主要符号（或如空白等符号缺失）所代表的意义：

◆ **空白** 如果在选定的矩形中没有任何符号，那就表示没有帧（见图2.14）。

◆ **空圈** 一个空圈代表一个空的关键帧（见图2.15）。简要地说，关键帧是指具有某些变化的帧，比如说，物体的位置、大小、颜色以及其他特征的改变。本书将在第七章"动画101"中具体讲解关键帧。

◆ **实圈** 一个实圈表示该帧是一个关键帧（见图2.16）。

◆ **空矩形** 一个空矩形是指图层中的最后一个空白帧（见图2.17）。

◆ **箭头** 箭头符号代表一个渐变动画（tween）（见图2.18）。Tweening 是in between的简称，是Flash中的一个特有功能，你制作出首帧和尾帧，Flash则创造出它们之间的具有动感的帧。你将会在第七章中了解到更多关于渐变动画的知识。

◆ **破折号** "——"表示一个渐变动画已被破坏（见图2.19）。

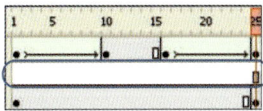

图2.14 一个空白矩形表示没有帧。

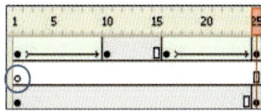

图2.15 一个空白关键帧。

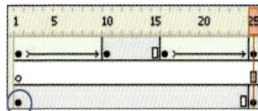

图2.16 一个包含内容的关键帧。

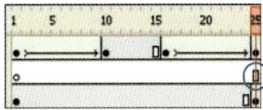

图2.17 图层上最后一个空白帧。

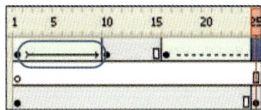

图2.18 一个渐变动画用箭头来表示。

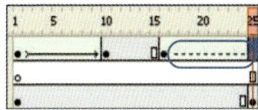

图2.19 破折号表示一个被破坏了的渐变动画。

关于时间轴的其他功能

除了图层区和帧部分的特点，时间轴还具有各种各样有趣的功能：

◆ **时间轴刻度标**（Timeline header） 时间轴上的这一部分看起来像是一把尺子，如图2.20所示。时间轴刻度标上的数字代表的是帧的序号。例如，数字10表示第十个帧。

◆ **控制柄** 控制柄是时间轴上的一条红色的线框，它所指示的是正在被播放的帧。你可以向前或向后拖动时间轴刻度标（如图2.21）来改变正在播放的帧。

◆ **指示器** 注意时间轴下方的的小方块。从左往右依次看，第一个小方块包含了所选中的帧的序号，第二个表示的是你的动画每秒的传播帧数(fps，每秒中填充图像的帧数)，最后一个小方块则表示的是到目前为止你的动画播放所用时间（见图2.22）。你将会在第七章中了解到更多关于这些指示器的知识。

◆ **洋葱皮的功能选择** Flash的洋葱皮功能使你在同一时间内看到更多的帧。我将在第七章详细探讨这一功能；现在，你只要知道该功能的控制按钮在哪里（见图2.23）。

图2.20 时间轴刻度标表示的是帧的序号。

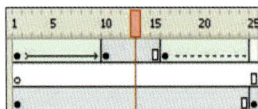

图2.21 拖动控制柄来改变播放哪一个帧。

图2.22 这些指示器提供给你关于动画的信息。

图2.23 洋葱皮功能按钮。

时间轴选项设置

　　有一个麻烦是，由于时间轴会占据很大空间，除非你有两个不同的显示器，不然要想看到多一点的场景舞台区（关于场景舞台区的问题将在下一章中讨论）是很难的。另一方面，如果你在处理多个图层，那也很难在时间轴上全部看到它们。幸运的是，Flash允许你修改时间轴的尺寸、位置，如果你愿意甚至也可以将时间轴隐藏起来。

改变时间轴的尺寸

　　根据你所创建的图层数目，很容易就可以增大或是缩小时间轴的大小来观看或是隐藏图层。以下是具体操作方法：

1. 将鼠标指针放置在时间轴底下的边缘上。如果鼠标指针显示为一个双箭头时，就表示你把它放对地方了，你可以重新设置时间轴的尺寸了，如图2.24所示。

2. 点击并向上或向下拖动鼠标来相应地增大或是缩小时间轴的大小。当你松开鼠标按钮，时间轴的大小就会被改变，如图2.25所示。

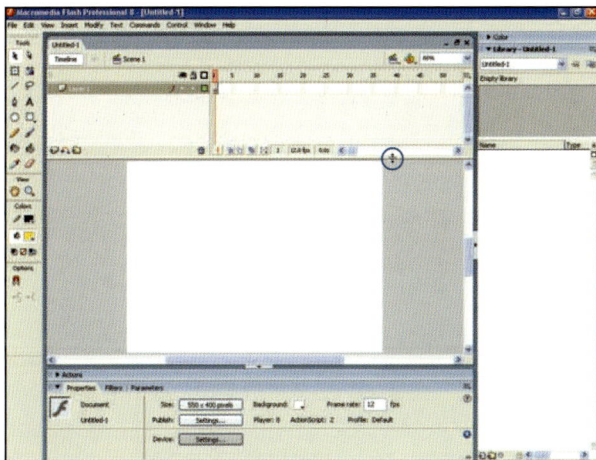

图2.24 当你的鼠标指针变为双箭头时，表示你把它放对了地方，你可以重新设置时间轴的尺寸。

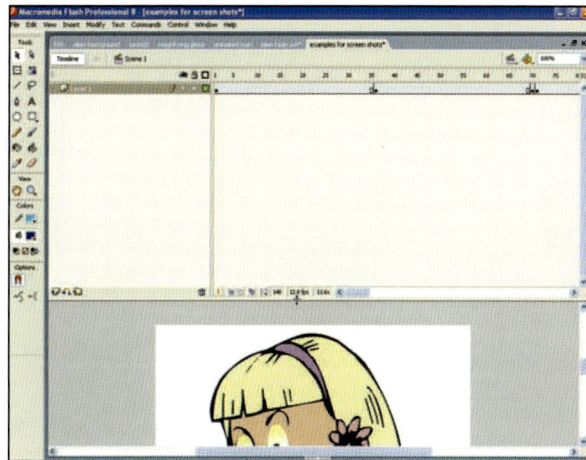

图2.25 松开鼠标按钮，时间轴的尺寸就会被改变。

改变时间轴的位置

　　根据默认设置，时间轴是固定于窗口顶部的。如果你想让它处于别的地方，你可以将它移至屏幕的任何一边，或者让它自己浮动在独立的一个窗口上，以下是具体操作方法：

1.　将鼠标指针放在位于时间轴顶部左边的两个短的垂直条上，当鼠标指针变为一个四角箭头时，时间轴的位置就被确定下来了，如图2.26所示。

2.　点击时间轴并将它拖至一个新的位置。当你拖动它的时候，将会出现一个外框，这个外框使你能够预览时间轴的位置，如图2.27所示。当你将时间轴拖至屏幕的任何一个边上，它就会固定在那里，否则，它将会处于浮动状态。

图2.26 当你选中合适的位置时，鼠标指针将变为一个四角箭头。

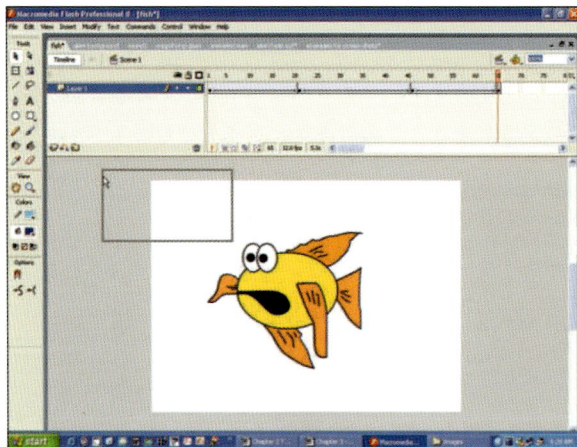

图2.27 当你移动时间轴时，一个表示时间轴位置的外框将会出现。

隐藏时间轴

　　在时间轴顶部的左侧有一个时间轴按钮（见图2.28）。点击这个按钮即可隐藏或显示时间轴。

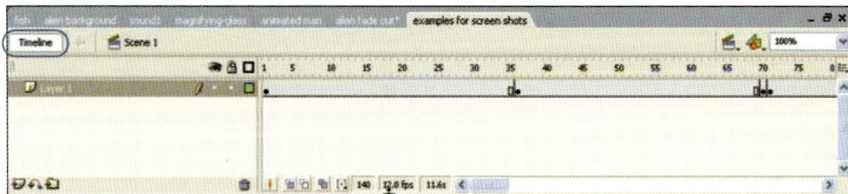

图2.28 点击时间轴按钮将时间轴隐藏或显示出来。

场景舞台区

场景舞台区（见图2.29）是指屏幕上允许你绘制图画的区域。场景舞台区显示的是你的动画的一个帧。关于场景舞台区你所要知道的最重要的一点是在场景舞台区上出现的任何东西都将出现在你的动画中。比较图2.30和图2.31，在场景舞台区上的物体将会呈现在制作完成的动画里，而那些在场景舞台区外的物体则不会出现在动画里。

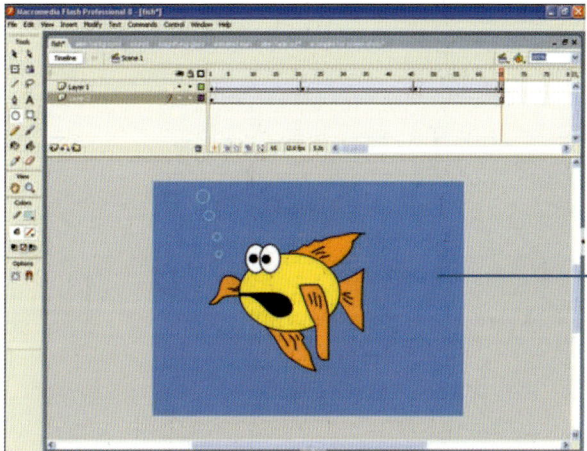

图2.29 场景舞台区是指Flash使用者界面上的主要区域，在这里可以创造你的动画内容。

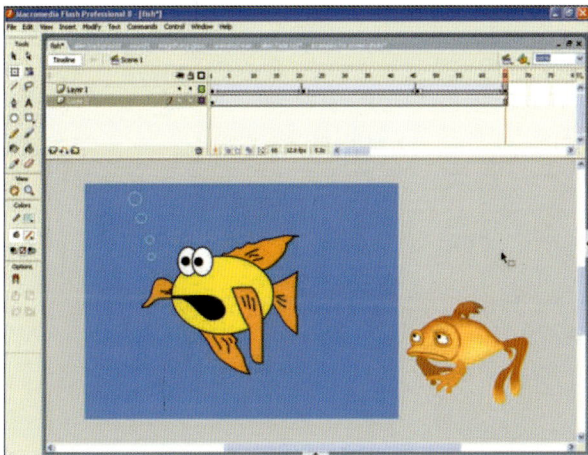

图2.30 播放动画时，场景舞台区外的物体不会显示出来。

图2.31 注意那条位于场景舞台区外的鱼没有出现在制作好的动画中。

2. Taking the Tour

工具面板的使用

任何伟大的艺术家都会这样告诉你：杰作的诞生有一半取决于工具是否被正确使用。Flash的工具面板（见图2.32）位于屏幕的左侧，包含了所有你创造出一部优秀Flash动画所需要的制作工具。使用工具面板中提供的工具，你可以制作和编辑物体，添加文本，填充物和边框以及改变场景舞台区的视图。

> 和时间轴一样，工具面板可被移动至屏幕的其他位置，或者浮动在屏幕上。要移动工具面板时，将你的鼠标指针放在位于面板顶端的两个垂直条上，点击并拖动工具面板到一个新的位置。

属性察看器窗口的使用

在默认设置中，属性察看器窗口位于屏幕的底部。（如果出于某些原因，属性察看器窗口没有显示出来，你可以通过点击快捷键Ctrl+F键来打开它。相应地，使用同样的键盘快捷键也可以将属性察看器窗口隐藏起来。）属性察看器窗口对创造和制作动画的过程都非常重要。当你创造一个物体时，属性察看器窗口可以将物体的信息提供给你，并允许你改变物体的特征，参看图2.33。属性察看器窗口包含了关于大小、位置、颜色、外框线以及场景舞台区上条目尺寸的所有信息，当然你可以改变所有这些特征。在第四章"物体的绘制、选择和导入"中你将会学习到更多关于属性察看器窗口使用的知识。由于属性察看器窗口允许应用和修改各种渐变动画技术，因而它对动画的创造也是非常便捷的。

图2.32 工具面板包含了所有的制作工具。

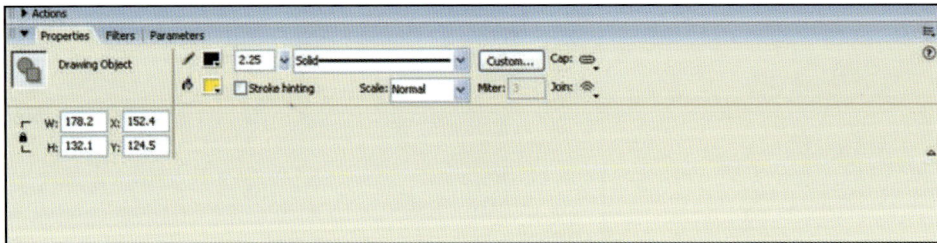

图2.33 点击时间轴按钮将时间轴隐藏或显示出来。

其他控制面板、窗口及察看器的使用

除了时间轴、工具面板和属性察看器窗口，Flash还有二十多种其他的窗口、面板和察看器，每一个都提供了不同的工具以便你在创造和制作动画的过程中使用。我将在本书中谈及这些工具中的一部分，而你自己可以随意体验和尝试一下这些窗口。它们中的大多数可以通过Windows菜单来链接（见图2.34）。注意图2.34中的Windows菜单上的一些选项后面跟有对勾标记，这表示这些面板、窗口以及察看器处于激活的状态。点击Windows菜单上面板、窗口以及察看器的名称来将它们打开或关闭。大多数面板、窗口以及察看器在被打开时，都会固定在屏幕的右侧或底端，但你也可以通过将鼠标指针放在位于这些面板、窗口以及察看器名称旁边的两个垂直线上，点击并移动鼠标来改变它们的位置。

使用者界面的管理

当你运行Flash时，可能会面临的一个最大问题是：如果你打开了多个文件、面板和察看器，你的屏幕就会显得零乱。所幸Flash提供了一系列的方法来管理这些屏幕元素，这样就不会那么乱糟糟了。在使用这些方法前，使用快捷键Ctrl+N，再点击对话框上的OK按钮来打开一个新的文档。重复这个步骤以打开多个文档。接下来进行以下操作：

1. 点击屏幕上方你想要的文件的名称来将文件一一转换，如图2.35所示。

> 和时间轴一样，工具面板可被移动至屏幕的其他位置或者浮动在屏幕上。要移动工具面板，将你的鼠标指针放在位于面板顶端的两个垂直条上，点击并拖动工具面板到一个新的位置上。

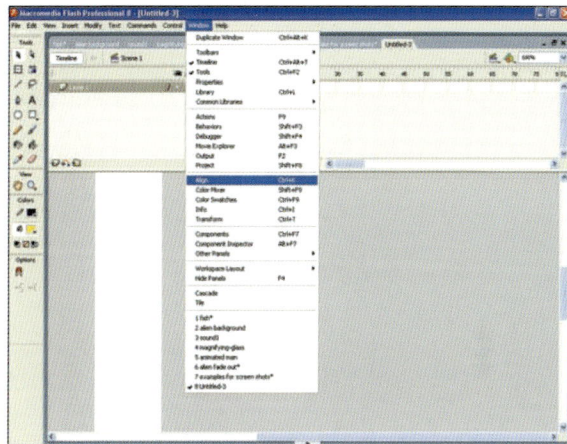

图2.34 通过点击Windows菜单上面板、窗口以及察看器的名称来将它们打开或关闭。

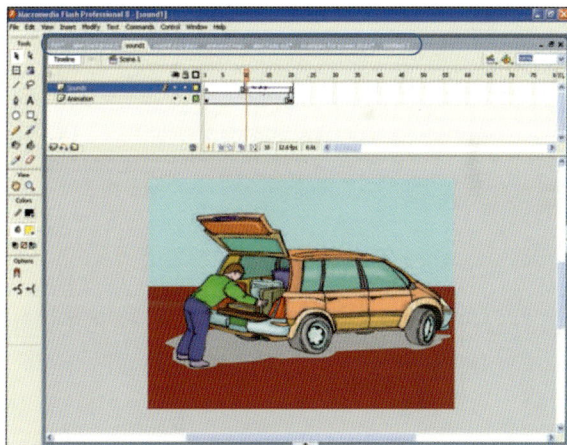

图2.35 点击文件名称来转换文件。

2. 点击每个面板或察看器的名称左边的三角形来将其展开或是合上（见图2.36）。

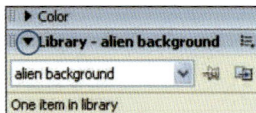

图2.36 点击面板名称左边的三角形来将其展开或是合上。

3. 移动一个面板。首先将你的鼠标指针放在位于面板的名称左边的两条垂直的点状线上，指针会变成一个四角箭头，如图2.37所示。点击并拖动该面板到屏幕的一个新的位置上。

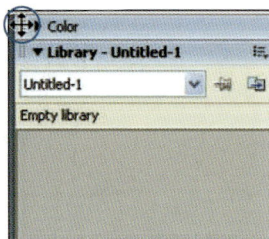

图2.37 点击并拖动面板名称左边的垂直条来重新定位面板。

最便捷的将面板隐藏起来的方法是按F4键，这样你可以提前预览动画。如果想将面板再显示出来，再按F4键。

4. 如果一个面板没有被固定在屏幕的边上或底部（换句话说，就是处于浮动状态），你可以根据自己的需求将它调整得大些或小些。要完成这一步，将鼠标指针移至环绕着面板的蓝边上。指针将会变为一个双向箭头，如图2.38所示。接着再点击并向内或向外拖动鼠标来改变面板的大小。将鼠标指针移动至水平的或是垂直的边上，以此分别水平或垂直地增大或减小面板的大小。将鼠标指针放置在面板边缘的拐角处，这样即可以水平并垂直地改变其大小了。

布局的保存

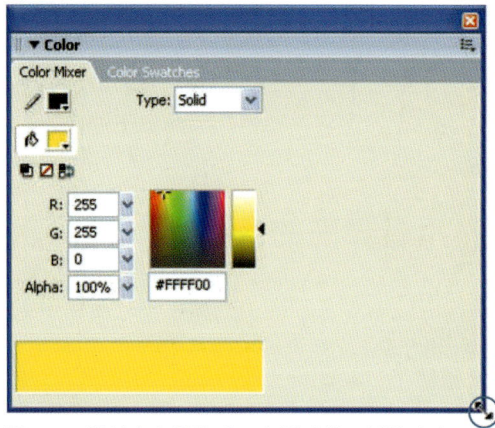

图2.38 通过点击并拖动一个浮动的面板的边来改变其大小。

　　Flash的一个优点是它具有很好的记忆功能。比如说，当你关闭程序后，Flash可以记住任何一个你曾改动过的面板的位置，这样一来，下次你再将这个程序打开时，这些面板的位置还和关闭前一样。然而，根据你所创作的动画类型，你也许希望不同类型的文件有不同的设置。或者，当你和别人共用一台计算机时，他们有可能会根据他们的需求来改变面板的位置。无论面板会被移动到什么位置，Flash可以保存现有的布局以便你随时加载它。以下是具体操作方法：

1. 改变面板的位置和大小直到形成你所想要的布局。

2. 打开Windows菜单，选择布局空间（Workspace），再选择保存现有（Save current）。

3. 在出现的对话框中为你的布局输入一个描述性名称，点击OK按键。这个布局就被保存了。

4. 打开Windows，选择布局空间，从弹出的菜单中选择布局的名称，这样你就加载了一个被保存的布局。

　　任何时候你都可以通过打开Windows菜单，选择布局空间（Workspace Layout），点击默认设置(Default)来重新将面板设置在它的默认位置上。

第三章
你的第一部动画

学　游泳的方法有两种。第一种是去上游泳班，学习基础知识，再慢慢地入水实践；第二种是直接跳进水里以求最快地学会。本书所采用的是两者结合的方法。在这一章里，我将把你从跳板上推入游泳池里，让你自己摸索着尝试第一次的动画制作。这之后，"游泳课"就要开始了。本章里的课程探究了如何建立一个动画及怎样操作Flash文件的问题，同时也涉及了制作帧段的各种方法。在接下来的一章里，你即将潜入到Flash的另外一个深水池里。所以穿上你的救生衣吧——我要把你推进游泳池里啦！

制作你的第一部动画

　　你要制作的第一部动画是非常简单的。在这部动画里，你要做的就是一个在屏幕上弹跳的球。制作真正的动画时你所要用到的那些技术会在全书中探讨，所以如果你不是很明白动画是怎么制作出来的也不必担心——这不是现在的重点。重点要你先制作出一部快速动画，这样你就可以学习到文件管理和文档操作的基本要点了。根据前面章节所讲述的内容，现在就来创建一个新的Flash文档吧。

场景舞台区尺寸的设置

　　根据默认设置，你的动画的尺寸应该是550像素（宽）乘以400像素（高）。动画的大小取决于你想在哪里展示你的动画。动画的尺寸越大，它的文件尺寸也就越大，所以你要记住如果你想在网上播放你的动画或者是在E-mail中传送，那么这部动画则越小越好。如果你想要改变文档的尺寸，只需在场景舞台区的任何地方轻轻点击右键，在出现的菜单里选择文档属性（Document properties）。这样就会弹出一个文档属性对话框，如图3.1所示。在这个对话框里你就可以设置动画的高度和宽度了。举一个例子，输入一个500*500的尺寸再点击OK按钮。

> 　　根据默认设置，测量动画尺寸的单位是像素（Pixels）。如果你想用其他的测量单位，你可以在标尺单位（Ruler units）的下拉菜单里选择，标尺单位在文档性质对话框里。

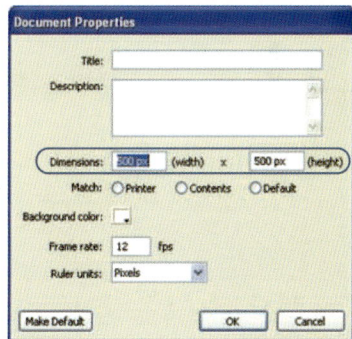

图3.1　在这个对话框里，你可以设置动画的高度和宽度。

25

创作和激活球体

现在已经定好你理想的文档尺寸了，是时候开始创作和激活这个球体了。这个球本身是一个简简单单的圆圈，它会在屏幕上弹跳。在接下来的几章里，我会具体阐释你在这里用到的技术。现在，只需要通过以下这几个步骤来赋予你的这个弹球活力：

1. 点击工具面板（Tools panel）里的椭圆形工具。

2. 如果它还没有被选中，点击物体绘画按钮（Object drawing button），见图3.2。

3. 在屏幕上方，场景舞台区左边点击一个点并拖动它，这样就绘制出了一个椭圆形，如图3.3所示。（现在先不必担心这个椭圆形的颜色，在下一章我会讲解关于填充和外框线的问题。）

4. 点击时间轴上图层1的帧10。这个帧会被标记为蓝色，如图3.4所示。

5. 按F6键来创建第10个帧上的关键帧。时间轴上的这个帧将会包含一个阴影圈。

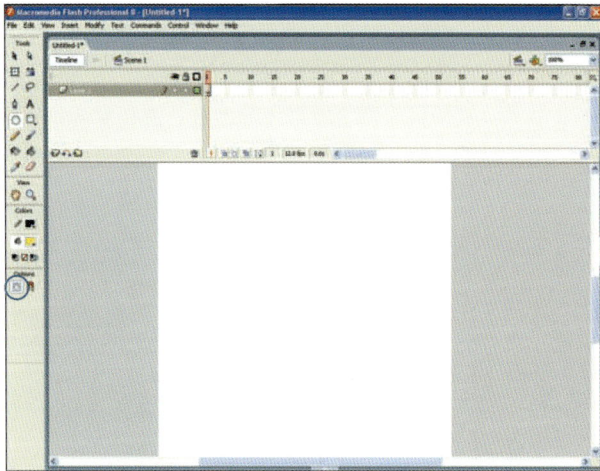

图3.2 点击椭圆形工具开始绘制，确定物体绘画按钮被选中。

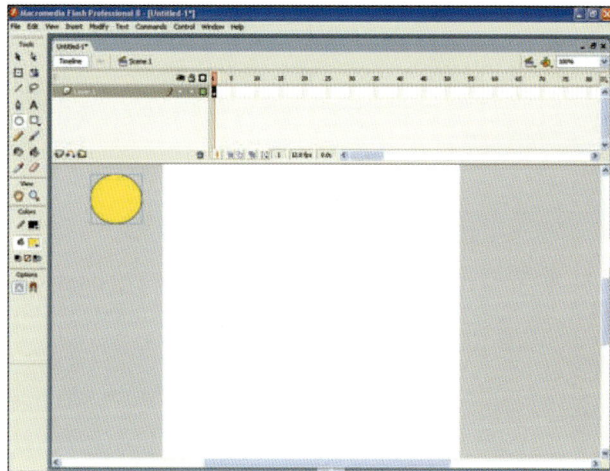

图3.3 在场景舞台区左侧，靠近屏幕上方处创建一个椭圆形。

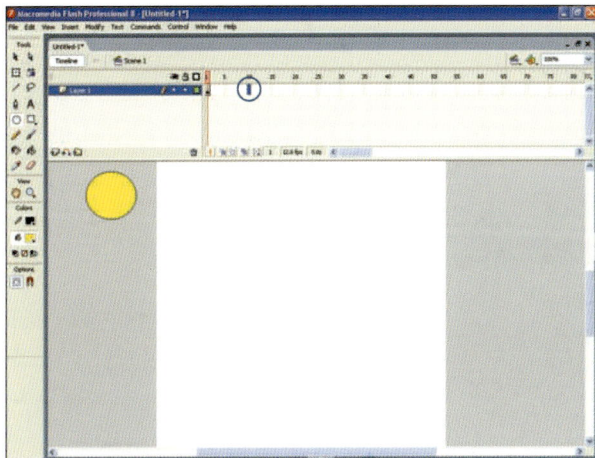

图3.4 在图层1中点击选中帧10。

6. 在帧20上重复步骤5。现在动画的时间轴应该看起来和图3.5一样。

7. 点击时间轴上的帧10，再点击选择工具（Selection tool，位于工具面板顶部左角的一个黑色箭头）。

8. 用选择工具点击这个圆圈并把它拖动到场景舞台区底部的中间位置，如图3.6所示。

9. 用选择工具点击帧20，将这颗球放置到场景舞台区右边靠近屏幕上方的位置，见图3.7。

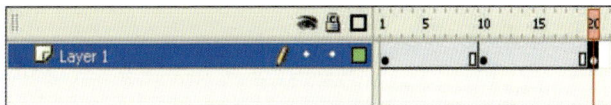

图3.5 现在，时间轴上应该一共有三个关键帧。

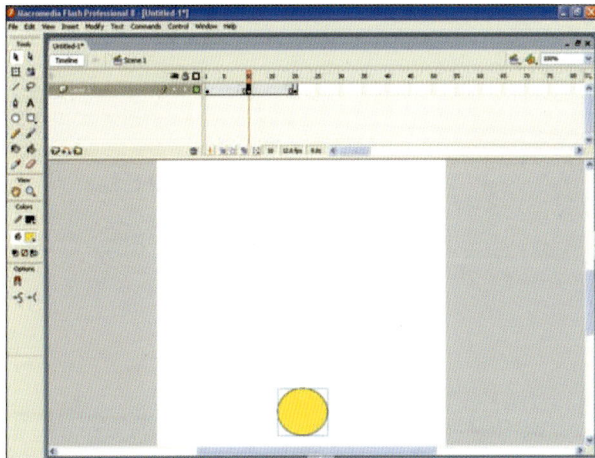

图3.6 用选择工具把这个圆圈移动到场景舞台区底部的中间位置。

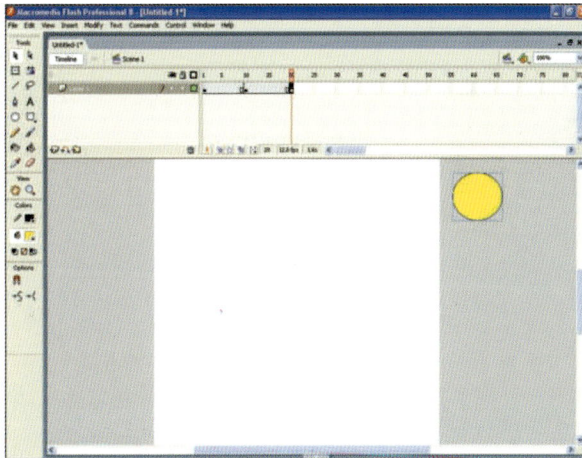

图3.7 将这颗球放置到场景舞台区的右边靠近屏幕上方的位置上。

3. Your First Animation

27

10. 右击时间轴上的帧5，从弹出的菜单里选择创建运动渐变动画（Create Motion Tween），见图3.8。现在在时间轴的第1个帧和第10个帧之间会有一个箭头出现。

11. 在帧15上重复步骤10，现在时间轴上应该呈现出两个箭头来，见图3.9。

啊哈！就是这样了——你已经制作出你的动画了。不是很难的，对吧？现在就可以播放它了。

图3.8 右击时间轴上的帧5，从弹出的菜单里选择创建运动渐变动画。

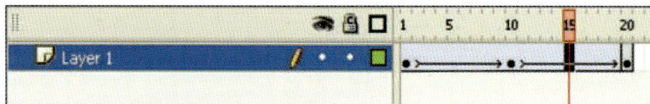

图3.9 现在时间轴上应该呈现出两个箭头来。

播放你的动画

想要预览Flash里的动画，有两种方法。第一种是直接在场景舞台区上观看它；用这种方法，动画会在场景舞台区上播放一次。另一种方法是在一个预览窗口里观看，预览窗口除了能够让你看到动画在被Flash之外的软件播放时会是什么样子之外，还可以一遍遍重复播放它。用Flash来播放动画，只需要点击Enter键；按下快捷键Ctrl+Enter在预览窗口看弹球，如图3.10 所示。正如你在上一章学到的那样，当一个物体在场景舞台区上被删除之后，它将不会被观看者所看到——这就是为什么当这颗球移出场景舞台区后，我们就不能再看到它的原因了。

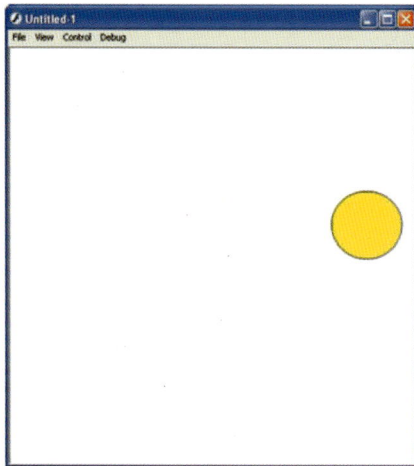

图3.10 当物体从场景舞台区上被移出去后，在预览窗口上它将不再出现。

移动你的文档

现在你已经制作出了一部动画，你已经够资格学习如何移动你的文档这一技术了。在这一部分，你将会学到各种缩放以及平移的选项和工具，你可以在你所制作的动画上练习这些技术。

缩放级别（Zoom level）的调整

虽然有很多方法可以用来改变一个文档的缩放级别，但是最简单便捷的恐怕还是缩放工具（Zoom tool）了。通过使用这个工具，再点击鼠标按钮就可以实现动画的放大或者缩小。以下是具体操作步骤说明：

1. 点击工具模板里的缩放工具，如图3.11所示。
2. 在工具模板的下方是一个选项部分(Option section)；当选中缩放工具后，选项部分上会出现两个放大镜——一个带加号，另一个带减号。如果缩放工具还没有被选中，点击带加号的放大镜（见图3.12）。再点击你的动画来改变它的缩放级别。持续地点击它，每点击一次，缩放级别就会增加一点。

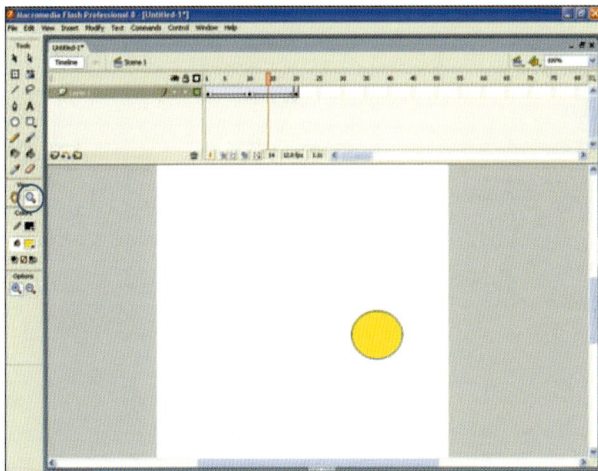

图3.11 点击缩放级别来放大或者缩小你的文档。

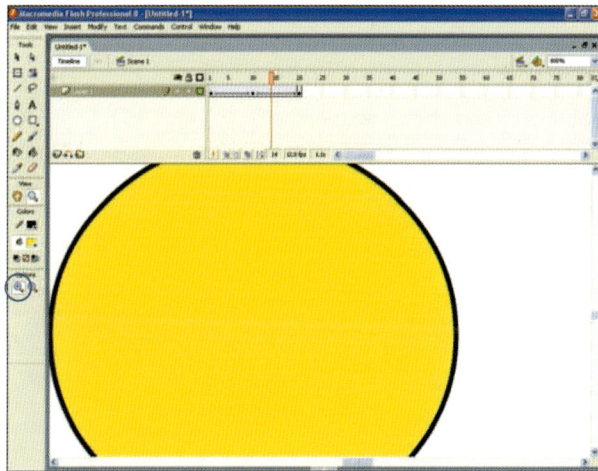

图3.12 点击场景舞台区实现放大或者缩小。

3. 重复步骤2，只不过这一次换用带减号的放大镜。点击你的动画，它就会被缩小。

4. 另一种改变缩放级别的方法是通过使用位于屏幕右上角的缩放级别的下拉菜单来实现的。点击下拉箭头选择缩放选项中的一个（见图3.13）。除了缩放百分比，你还可以看到一些别的选项：

◆ **合适窗口** 选择该项来改变缩放级别，这样帧就可以达到适合窗口的最佳大小。

◆ **显示帧** 选择该项来改变缩放级别，这样整个场景舞台区就能最适当地安放在窗口里。

◆ **全部显示** 选择该项来改变缩放级别，这样所有的物体——无论它们在场景舞台区的什么地方——就都能够被显示出来了。

平移

　　平移是实现快速移动帧的一个很好的办法。你可以使用平移来将帧在窗口范围内移动，以便选取理想的位置。使用该功能时，选择手型工具（见图3.14），按住它并向任何方向拖动，这样场景舞台区也会被移动到相应的位置上。

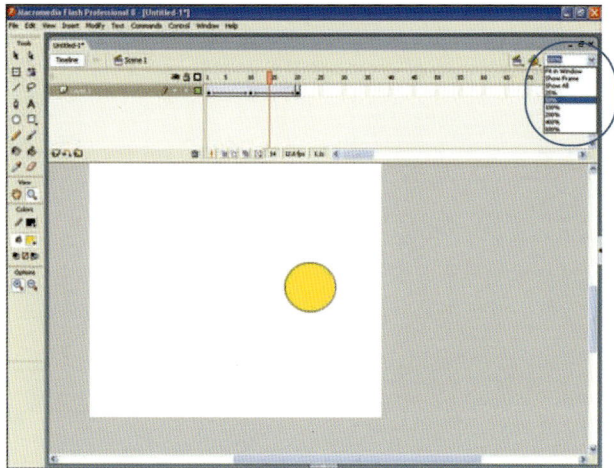

图3.13 在缩放级别下拉菜单里有很多缩放选项。

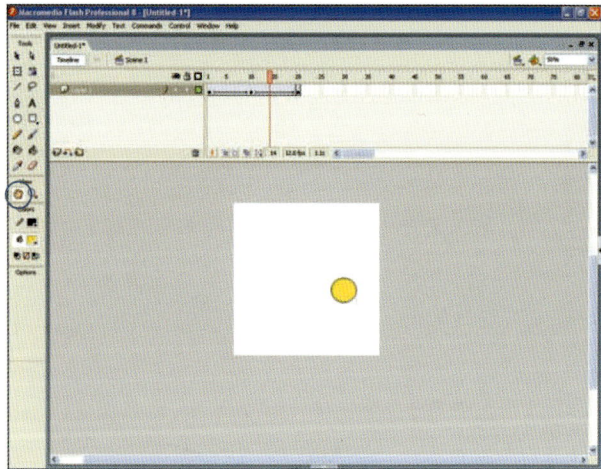

图3.14 手型工具的使用可以将场景舞台区来回移动。

帧的选择

在本书后面的章节中，我将会谈到动画中编辑帧的问题。但是，在你对帧进行编辑之前，你必须将你想要编辑的帧选择出来。有多种方法可以用来选择帧——本书涉及两种方法。

用鼠标选择帧

或许这是在动画中选取帧的最简单的方法，只要在时间轴中点击并移动你想要的帧即可。当你在拖动帧时，被选中的帧会被标出来，如图3.15所示。

用键盘选择帧

同时使用键盘和鼠标，就可以选择相邻的几个帧（时间轴上一个一个相连着的帧）或者几个不相邻的帧（时间轴上不在一起的帧）。

1. 首先点击一个你想选取的帧，如图3.16所示。

2. 按住Shift键的同时，点击了第一个帧后点击最后一个帧，这样它们之间的全部帧就都被选中了。如图3.17所示。

3. 按住Ctrl键的同时，点击几个其余帧并添加到你的选择中，如图3.18所示。你可以重复这一步来持续添加你想要选择的帧。

4. 放开所有按键，点击任意一个帧。原先的选择将被删除，只有被点击过的帧被选择了下来。

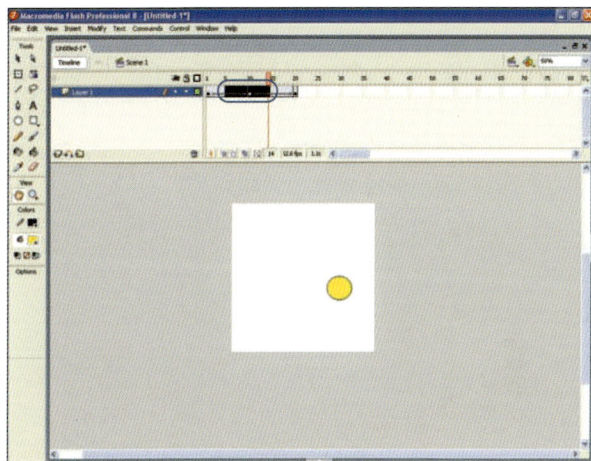

图3.15 点击并拖动帧将其选中。

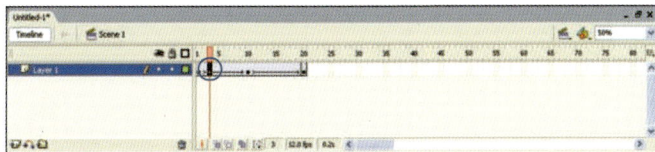

图3.16 点击第一个你所想要的帧。

图3.17 第一个和最后一个帧被分别点击后，它们之间的所有帧就都被选择了。

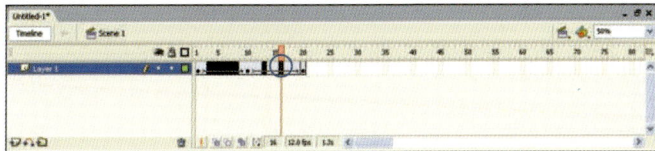

图3.18 再按住Ctrl键就可以选取那些不相连的帧了。

专家文档

名字：艾瑞克·布鲁里奇
工作单位：bushflash.com
网址：http://www.bushflash.com

你如何学习Flash的？ 我基本都是自学的。

你是如何开始使用Flash的？ 在1998年，我在新泽西州东奥兰治一家多媒体公司工作，当时Flash是非常热门的技术。在办公室上班的每个人都要学习它，因此我们都是通过购买软件自学一些速成课程。开始时我有点抵触它，可后来当我知道可以怎样用Flash来处理音频时，我相信了它的价值所在。

你常用的功能和工具有哪些？ 我只用一些较为基础的功能和工具——关键帧透明度调节和移动（Opacity/motion Fey framing）、形状渐变（Shape tween）以及基本的字体动画（Text animation）。如果一定要挑出一个我认为在工作中最有用的独特的"功能"，那应该就数"流"音频设置了。在逐帧播放时能够听到声音，对动画与音乐实现同步是极其有用的。

你最喜欢Flash的什么方面？ 能将大量的材料放到一个相当小的包(package)里，这样使用者很容易就能通过网络得到它。没有别的方法可以在一兆内制作一个3到4分钟的视频了。

是什么让你的动画与众不同的呢？ 我的动画主要涉及的是政治题材。在2003年，当我开始制作自己的动画时，别的人也在做同样的事情，但他们试图创作的是那些看起来很长影响力却很小的东西。然而，受到大量关注的则是一些短小却发人深省的作品，比如"纪念日"（http://www.bushflash.com/year.html）。

在技术方面，我的动画与众不同的原因是：我总会很认真地挑选那些我要用到的音乐和图片。我选的音乐往往都是一些对美国人和世界大众而言较为陌生的曲子。而我选的图片则要将屏幕整个填充起来，不留任何的空白边缘（这是所有制作动画的人经常会犯的错误）。有的时候，单单找寻一张能够将情感表达出来并感染到观众的图片就会花费我几个小时的时间。

使得我的作品不同于与他人的Flash也有个人的因素，我在意——非常地在意——我的主题问题。我的多数作品都涉及伊拉克战争（我真诚地希望在本书面世时，这场争端可以终止）。我希望，通过创作那些讲述我们这个年代的惨痛事件的Flash，可以让每个人都树立起避免让这类事件和状况再次发生的意识。期望它能够促使人们思考。

制作出一部优秀动画的秘密是什么？ 再次重申，你一定要非常注重你所创作的东西。即使你将成千上万的可移动的装饰物和一个声带胶片堆放在一起，但如果你没有一个能将这些东西组建起来的核心观念，所有这一切也只是一堆乱糟糟的东西罢了。

关于Flash的使用，你有什么可以跟读者分享的建议吗？ 如果你的目标是创作视频作品，那么请远离脚本程序Actionscrip。这是你要记住的最重要的一点。在Macromedia公司发展的早期，它们被那些主要致力于"左脑"范式的人所掌控，因此，产生了可提供费解脚本库Convoluted script libraries的连续版本，却没有怎么提高Flash的核心动画工具。你花了很多年或者很多个月来学习如何用脚本程序Actionscrip来制作一个正弦波的单位Sine wave，还不如用Flash提供的基本的动画工具来制作一些令人难忘的作品要有意义。不会有人——我重复申明——绝不会有人——因为你可以用JAVA风格的脚本程序来做出满屏的泡泡或者变换颜色的图形就雇佣或者重用你。这是不幸的，但却是事实。如果你真的想展现你的才华并且留给观看者深刻的印象，那就制作一部卡通，一部幻灯片，或者一部视频节目来展现你的视屏沟通能力吧。

有什么关于动画的建议可以跟读者分享吗？

◆ 备有下列软件：
Photoshop(http://www.adobe.com)，为编辑图片使用；
Goldwave(http://www. goldwave .com) 为编辑声音使用；
Imageready, Photoshop的扩展软件，为压缩图片使用。

◆ 绝不要依靠Flash中的默认声音设置。每次一定将声音质量提高到20码率（kbps）（打开文件菜单，选择设置，再选择Flash，选择音频流/事件，点击设置，设置以及改变比特率/音质设置）并打开音响声音。它最小程度地增大文件大小，却能极大地提高歌曲音量。

◆ 如果你使用了很多的位映像图形（Bitmap graphics，影印的图像JPEG和图形交换格式GIF），降低图像质量到百分之五十（打开文件菜单，选择设置，再选择Flash，改变影印的图像JPEG质量设置）。如果一张图片出现在几个帧的屏幕上，小的质量损失并不会给观者留下印象。

◆ 一个标准的550×400的Flash视频里的图片只需要320×240那么大。当你把它们安插进Flash里，你可以通过对齐工具Align tool（快捷键Ctrl+K）来将它们调整至屏幕大小。

◆ 常常使用加载器。即使观看者有宽频接线（Broadhand），你也要允许缓冲。否则，就不能实现所有东西的同步了。

◆ 常常登陆www.flashkit.com，这个网站有成千上万的关于Flash的开放资源、循环音乐、声音效果以及可以下载和定制的脚本。

你对开始学习Flash动画的青少年还有什么别的建议吗？
多花点时间。一开始会有点让人气馁。Flash里有很多的功能和工具，但是Flash真正优越的地方是你可以为你的创作目标挑选最适合的元素。

例子

第四章
物体的绘制、选择和导入

你把那些没有角色，没有色彩，没有背景，甚至没有任何物体的动画称作什么？回答很简单——什么都不是！为了把什么都不算的动画变为所谓的动画，你就只有两种选择：你可以从你的草稿中创作出一些图像，或者导入一些已经被创作出来的图像。在这一章里会对这两种选择进行探讨。我先从这些允许你绘制和选择物体的工具讲起，接着再谈谈怎样导入那些你既没有下载过也没有从别人那里接受过的图像或物体。

绘制物体

设想一下一个汽车修理工只有一个工具——比方说是一把螺丝刀——用来修车。对他而言，大概大部分的修理工作都会非常艰难！即使他可以全部解决掉这些问题，估计也会花费他很多的时间，因为通常修理汽车都需要一系列的工具。这就是为什么修理工在作业时都要配一个装有几百种不同工具的工具箱。对Flash而言，情况也是如此。大多数图像的制作过程需要各种各样不同的绘制工具。好消息是Flash有一个存放不同工具的工具面板，这个工具面板可以帮助你随心所欲地绘制任何你喜欢的图像。那么就让我们赶快开始一起制作吧！

椭圆形、圆形、正方形、圆角矩形、多边形以及星形图案的绘制

本节的标题涉及很多不同的图形，但是制作所有这些图形的过程是非常相似的。你所要做的就是选择你想要制作的图形类型，然后只需点击并拖动它们就可以了。

椭圆形的绘制

让我们从绘制一个椭圆形开始了解它的制作过程吧：

1. 点击椭圆形工具（Oval tool），和工具面板上的大多数工具一样，当你选中椭圆形工具时，这个图标就会被标出来，与此同时，你的鼠标指针将会变为一个十字线（Cross-hair）。在场景舞台区上移动鼠标来确定你想从哪里开始绘制这个椭圆形。

2. 在场景舞台区上点击并拖动这个图形。当你拖动它的时候，一个关于这个椭圆形的外框线将被预先勾勒出来，如图4.1所示。不要松开鼠标按钮，将鼠标朝另一个方向移动，椭圆形的形状则会随着你的拖动有所改变。

3. 放开鼠标按钮。一个椭圆形将会以其默认的颜色在屏幕上显示出来（见图4.2）。

恭喜你！你已经制作出你的第一个图形了。相当简单，不是吗？希望这是将来你绘制图形的一个开始。

绘制完美图形

要绘制一个看起来非常对称的图形——比如说，一个圆形而不是一个椭圆形，一个正方形而不是一个矩形——在你做拖动的时候按住Shift键。在你将Shift键放开前先松开鼠标按钮，这样你就制作出一个完美对称的图形了。

撤销功能（Undo）和恢复功能（Redo）的使用

现在你已经制作出你的第一个椭圆形来了，是将它删除掉的时候了。在本章后面的部分我将会谈到如何使用橡皮擦工具来删除某个物体或这个物体的一部分。现在，我们先使用一个叫做撤销工具的功能——这个功能将很快成为你最好的朋友。任何时候你无意中制作了某个图形，或者哪里出了什么差错，你都可以使用撤销命令来退回到之前的一步。在场景舞台区上撤销你的最后一个步骤——在这种情况下，绘制一个椭圆形——按下Ctrl+Z键，或者打开编辑菜单，选择撤销工具。多亏有了撤销功能，这样你就可以没有后顾之忧地尽情尝试了。如果你过多地使用了撤销功能，以至于不小心撤销了你之前那些并非错误的操作，这时你就可以接着使用恢复命令了。恢复命令的使用，即打开编辑菜单选择恢复或者使用Ctrl+Y键。

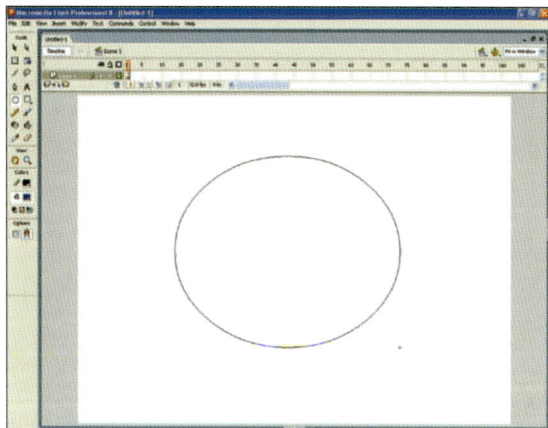

图4.1 当你拖动鼠标的时候，椭圆形的形状会随之改变。直到你松开鼠标按钮，这个图形才会确定下来。

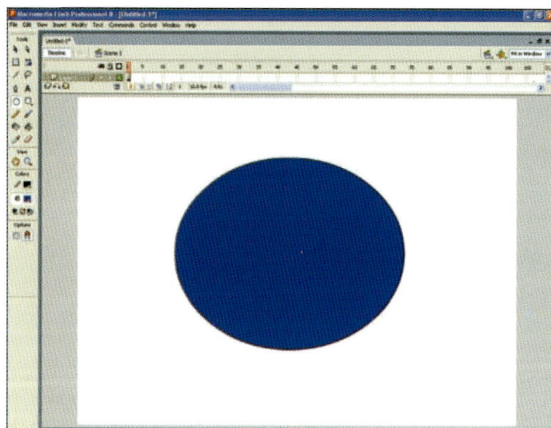

图4.2 你制作的第一个图形是一个完美的椭圆形！

圆角矩形的制作

制作一个矩形的方法和制作一个椭圆形是一样的。你只需要从工具面板里选中矩形工具，接着按下鼠标并将这个矩形在场景舞台区上进行拖动。和椭圆形工具有所不同的是，矩形工具有一个附加的选项：你可以制作一个四角为弧形的矩形。

如果你还没有这样做，使用键盘快捷键Ctrl+Z将你刚才绘制的那个椭圆形删除。接着再完成以下步骤：

1. 点击工具面板里的矩形工具（Rectangle tool）。注意现在的选项区有一个圆角矩形选项。

2. 点击半径角设置按钮（Set corner radius，这个按钮看起来像是一条弧形线，上面还附有一些蓝色的三角形)，此时将弹出一个对话框，这个对话框会询问你是否要为矩形的角输入一个半径值。

3. 输入一个半径值，如图4.3所示。这个数据代表了这个矩形的角的弧度——数值越大，角越圆。在你输入这个值之后，点击OK按钮，现在就要完成你的圆角矩形了。

4. 点击这个图形并将它在场景舞台区上进行拖动。在你拖动的过程中，你会预先看到一个圆角矩形图。当你松开鼠标按钮时，你的圆角矩形图就会奇迹般地呈现出来了，如图4.4所示。

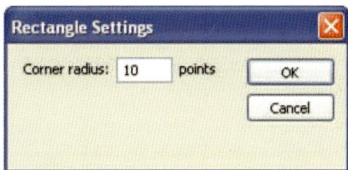

图4.3 你所输入的角的半径值决定了角的弧度。

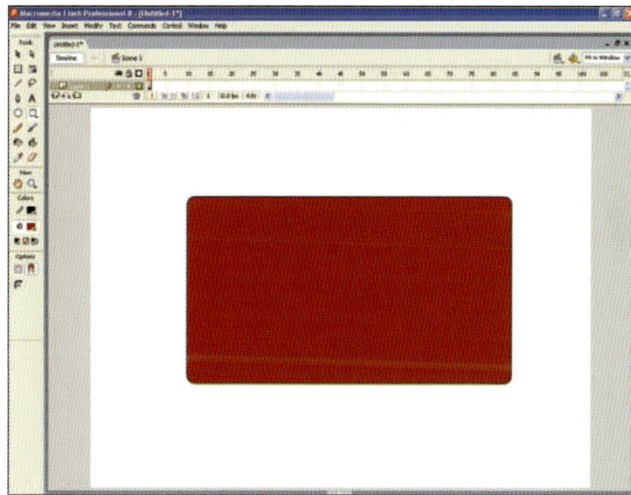

图4.4 这个圆角矩形的角的弧度为10。

填充物（Fill）和外框线（Outline）的使用

　　每一个在Flash里制作的图形都是由两个元素构成的：一个是外框线，还有一个是填充物。根据默认设置，一个物体的外框线和它的填充分别表现为两个图形。换句话说，外框线和填充物不是相互依附的。如果你改变其一，另一个仍旧不会变。如果你想将一个图形的外框线和填充物相互联系起来，改变其中的一个会相应地使另一个也被改变，那么你就需要选择物体绘制选项（Object Drawing option）按钮，这个按钮是在工具面板中的选项部分里。也可以通过使用键盘上的J键来完成该步骤。在本书后面的部分，你就会学习到如何改变外框线以及填充物的大小和颜色。

多边形和星形图案的制作

　　什么是多边形？根据字典上的定义，多边形是指"由多条直线构成的一个封闭的平面图形"。好了，那这又意味着什么？简单地说，一个多边形是一个有多条边的图形，每一条边都是由直线构成的。在Flash里，绘制一个多边形和绘制其它的任何图形都没有什么两样，但其中有几个选项你可以设置，包括多边形边的数目。

　　要制作一个多边形，需要使用多角星形工具(PolyStar tool)。事实上，多角星形工具有两个用途。你不仅可以用它来制作多边形，还可以用它来制作星形。用属性察看器来调整多角星形工具选项。

1. 注意观察，在矩形工具按钮的右下角有一个小的三角形。这表示可以通过此按钮来连接其他工具。要显示隐藏工具，按住矩形工具按钮右下角的这个小三角形，一个关于附加工具的清单就会出现（见图4.5）。点击多角星形工具选项，你就可以开始制作多边形和星形了。

2. 现在你可以在场景舞台区上点击并拖动鼠标来制作一个默认设置下的多边形了——一个五边形。其实，你应该用几分钟的时间仔细观察研究一下制作多边形的其他方法。如果开始时你的屏幕底端上的属性察看器还没有打开，那么通过点击出窗口菜单，选中属性并将其打开就可以了，或者你也可以使用Ctrl+F3键盘快捷键将其打开。

3. 点击属性察看器的选项按钮，这个按钮是在屏幕的底部，这样就会打开工具设置对话框。如图4.6所示，你可以通过这个对话框来设置你的多边形的样子，比如这个多边形有几个边，或者将这个图形制作成一个多边形还是一个星形。

4. 点击风格下拉箭头（Style drop-down arrow）。你会看到两个不同的选项：多边形和星形。选中星形选项，现在你就可以输入这个星形的边的数目以及星形的磅（即星形的边的"深度"）了。图4.7所示的是三个有着不同磅值的星形。

5. 在屏幕上点击并拖动这个图形，这个星形就诞生了！

　　现在你已经通过使用多边形工具制作出一个星形了，如果下一步要做的不再是星形，就需要在矩形工具按钮上修改选项。

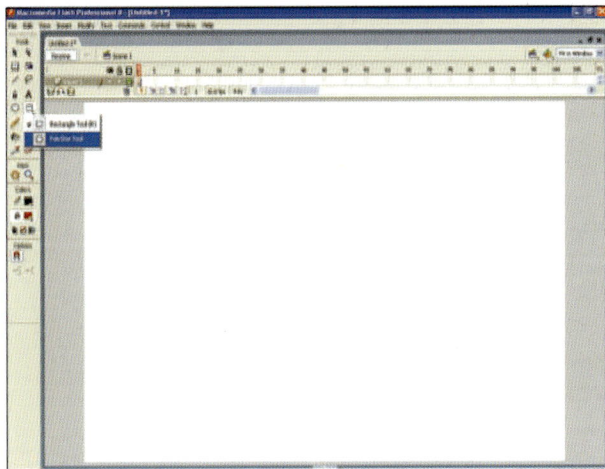

图4.5 点击右下角的小矩形的同时保持按下任何一个按钮，这样就打开"隐藏工具"了。

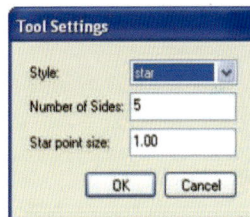

图4.6 你可以通过这个对话框来决定你使用多边形工具是制作一个星形还是一个多边形。

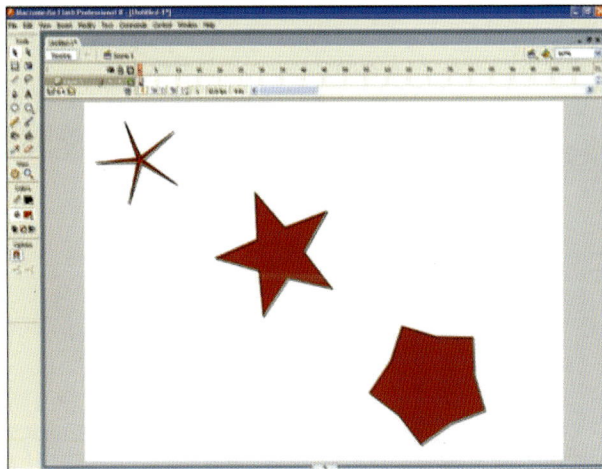

图4.7 顶端左侧的这个星形磅值是0.25，中间这个星形的磅值是0.5，在右下角的这个星形的磅值是1.0。

4. Drawing, Selecting, and Importing Objects

39

用铅笔工具(Pencil tool)绘图

　　我知道我现在要做一次相当有把握的猜测了，我假设你是曾经使用过铅笔的。如果我的假设是正确的，那你一定会很高兴地得知这一点：使用Flash里的铅笔工具和使用真正的铅笔没有什么两样。最主要的一个区别无非是在Flash里，你是用鼠标，而不是手拿铅笔来绘画。

　　正如你将要看到的，Flash里使用铅笔工具比在现实中使用真正的铅笔还要简单。我必须要对你坦诚——虽然我将我自己看作是一个平面造型设计者，我却不会绘画！我连一个像样的东西都画不出来。但是使用Flash,我就不需要担心了。如果我画出的是一个不规则的圆形，Flash会将它变成一个完美的圆形。如我画出的是一条歪歪扭扭的线，Flash会自动将它变为一条直直的线。如果我就是想画出一种随意的图案来，Flash也可以原封不动地将它保存下来。

　　那么就让我们一起来试试用铅笔工具绘画吧：

1.　点击铅笔工具。你可以通过点击拉出一个线条，并且将它在场景舞台区上拖动。当你将鼠标按钮松开时，你的这个线条就绘制出来了。

2.　不同于你之前所绘制的图形，那些图形是根据默认设置来被填充起来的，你用铅笔工具绘出的图形则只有一个外框线。要填充一个由铅笔工具所绘制出的物体，你就必须要确保它是封闭着的。要做到这一点，就需要一直到你开始绘制这个图形的起始处再将鼠标放开。图4.8所示的是两个不同的铅笔绘制图形，其中一个是封闭的，而另外一个则是开放的。

3.　现在我们一起来了解一下铅笔工具选项，这些选项可以让你的动画制作变得简单起来。在选项部分的右下角，你会看到一个标有一条曲线和一个黑色三角形的图标。这个三角形表示你可以通过这个图标打开多项选择。点击并按住这个按钮，就会出现三个选项：变直（straighten）、变平（smooth）、影印（ink）（见图4.9）。先从变直开始。

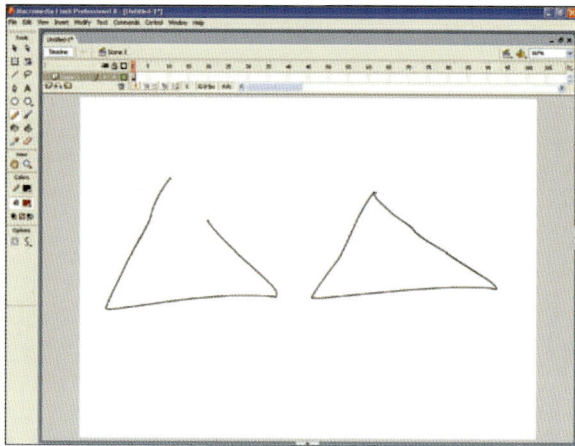

图4.8 位于左边的三角形是开放的，而位于右边的这个则是封闭的。只有这个封闭的三角形可以被填色。

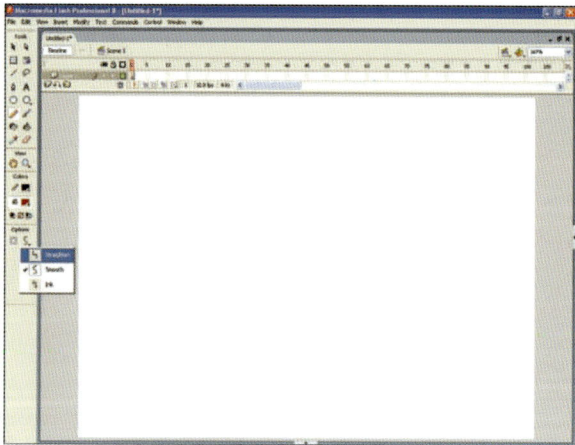

图4.9 三个不同的铅笔工具选项分别是变直、变平和影印。

4. 你有没有在纸上徒手画出一条非常笔直的线条的经验？那真的是非常有难度的！更进一步，画出一个所有的边都很笔直的矩形或三角形——这就更加困难了。为了让这一切都变得简单一些，变直选项可以将那些歪斜的线都变成规则的直线。（在美术课上，这些工具都跑哪里去了？）要使用这个功能，选中步骤3里所提到的变直选项，再试着用铅笔工具来画出一条直线。在绘画的过程中，你所画的那条不平直的线会预先显示出来（见图4.10），然而当你松开鼠标按钮时，这条线就会变得笔直了（见图4.11）。

5. 接下来，用铅笔工具来绘制一个粗糙的三角形。当你松开鼠标按钮时，这个三角形就会变得很规则，如图4.12所示。

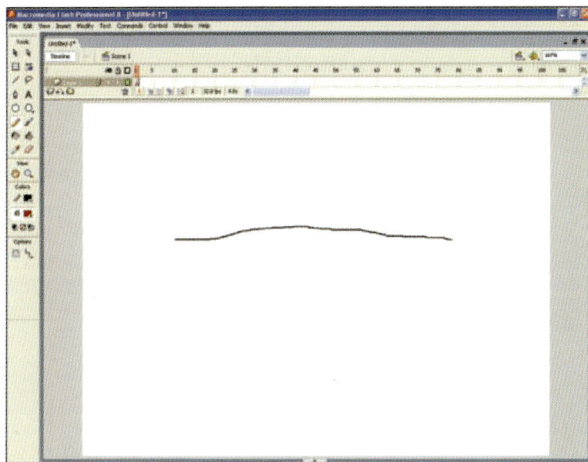

图4.10 这是当你画下初始线条时所呈现出的样子。

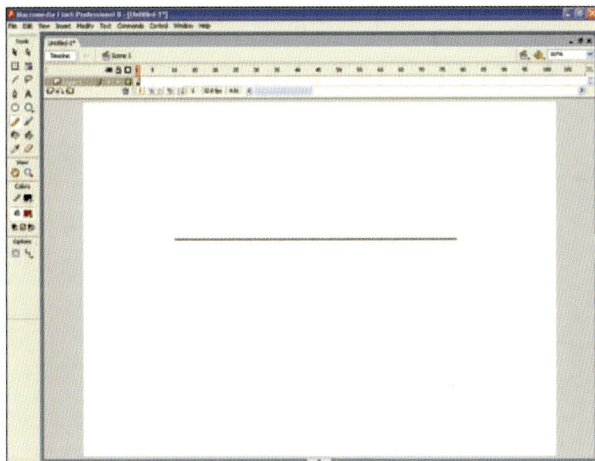

图4.11 当你松开鼠标按钮后，这个线条会自动变直。

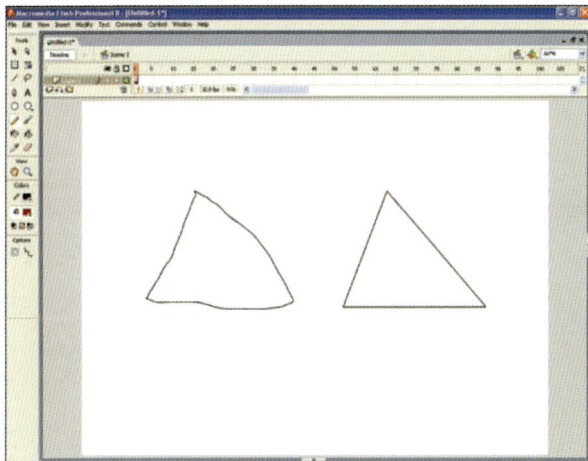

图4.12 左边的三角形是手绘出的样子，右边的三角形则是通过变直选项绘画出来的。

6. 用鼠标绘画是有点难度，因为手的任何抖动都会在你的图中被放大展现出来。为了解决这个问题，你可以选择变平选项。首先，点击步骤3中所提及的变平选项，接着再点击拖动鼠标来制作出一个图形或是一条线。当你将鼠标按钮松开时，这条线或者这个图形就会变得非常平直，如图4.13所示。

7. 接下来，选择步骤3里所提到的影印选项。用它来画出一个正方形。是不是看起来变平选项和影印选项没什么区别呢？你猜怎么样——你是对的！它们二者的区别是非常细微的，影印功能不会更改你画的线条，图4.14展示的就是三种选项可以制造出的不同效果。

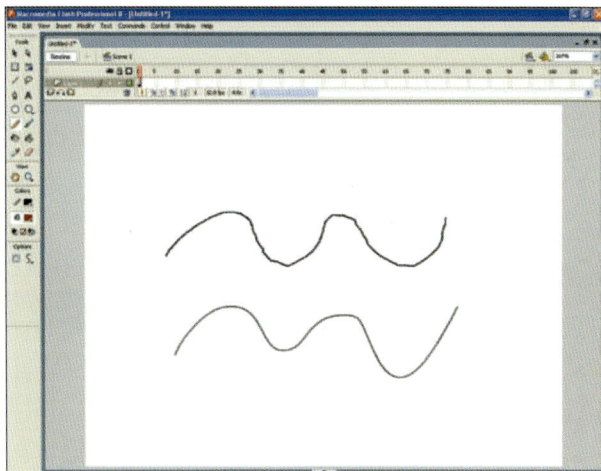

图4.13 上边的一条线是在变直前铅笔画出的样子，下边的这条则是使用变直选项后的结果。

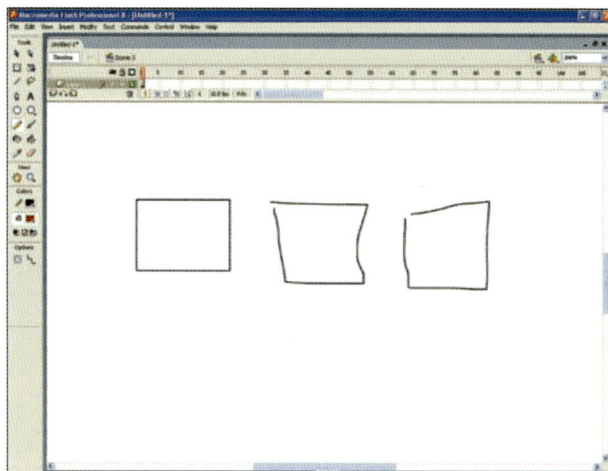

图4.14 从左往右看，这些正方形分别是用变直选项、变平选项以及影印选项所画出的样子。

铅笔工具属性的探究

通过改变铅笔工具的设置，你可以改变线条的粗细、形状、颜色、平整度以及其他一些属性。

1. 如果你还没有将铅笔工具的属性打开，打开窗口菜单的属性察看器，选中并打开属性，或者用Ctrl+F3快捷键将其打开。

2. 属性察看器打开时位于屏幕的下方，上面显示有可供改变铅笔工具属性的多项选择（见图4.15），随意点击一个下拉箭头就可以看到那些可以改变颜色、大小或者是线形等的选项。要想看到铅笔工具的其他各种选项，点击用户自定按钮。

3. 在场景舞台区上点击并拖动鼠标。当你拖动鼠标时，这个线条会预先呈现出来。当你松开鼠标时，你会发现你所绘制的线条或图案会表现出你预先设置了的那些属性特点来。

如果当你画出一个线条或者一个图形后，想要改变它们的属性，你必须首先选中它并在属性察看器里调整它的属性设置。在本章稍后的部分我将会探讨关于这种选择的问题。

画笔工具（Brush tool）的使用

画笔工具的使用和铅笔工具的使用基本一样，只是略有一些不同。在默认设置中，铅笔工具画出的是外框线，而画笔工具画出的则是一个既有外框线又有填充物的图形。以下是具体的使用说明：

1. 点击位于铅笔工具旁边的画笔工具。屏幕上的光标将会变成一个小圆点。

2. 点击颜色填充下拉箭头(Fill Color drop-down arrow，上面带有一个油漆图标Paint-can icon)。这时将会出现一个可供你选择的颜色填充选项板，如图4.16所示，继续点击选择一种画笔颜色，这将会成为你图形的填充色。你只需要从笔触颜色选项板（Stroke color）中选择某个颜色就可以轻易地改变外框线的颜色。这个笔触颜色选项板在颜色填充选项板的上面。

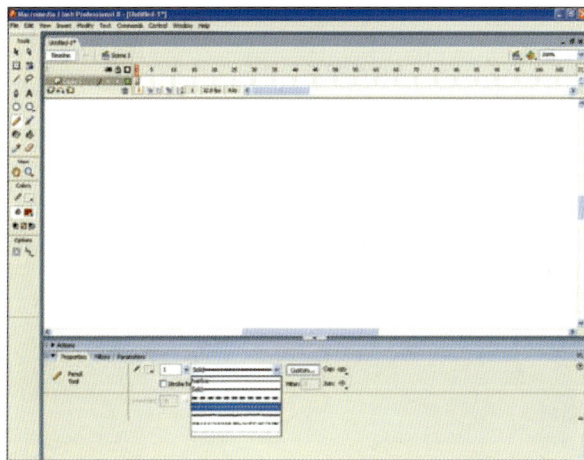

图4.15 属性察看器提供给你许多的选择，比如笔触颜色、粗细以及类型。

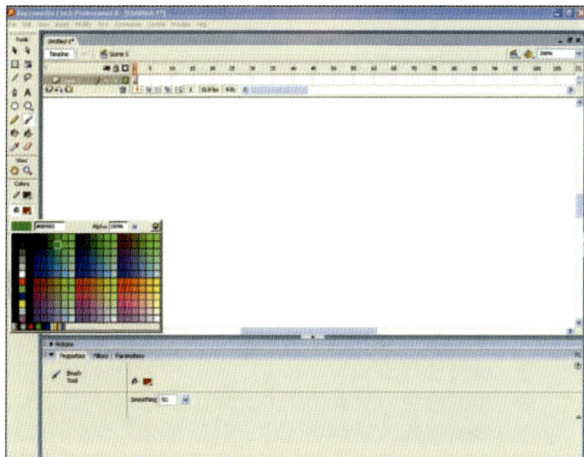

图4.16 颜色填充选项板上显示有许多可供选择的颜色样板。

3. 点击画笔大小下拉箭头，这样就会显示出一个关于刷子不同大小的菜单，这些大小型号是由一个个小圆点来表示的，如图4.17所示。点击一个你绘图时想要选用的画笔的大小型号。

4. 点击画笔形状下拉箭头，这时你会看到一个关于刷头的不同形状的菜单。随意选择并点击一个形状，在场景舞台区上拖动鼠标开始绘画，如图4.18所示。

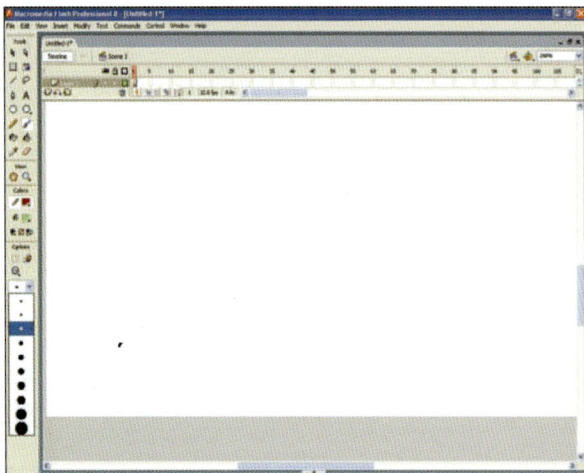

图4.17 画笔大小下拉箭头清单上有许多可供选择的刷子的大小型号。

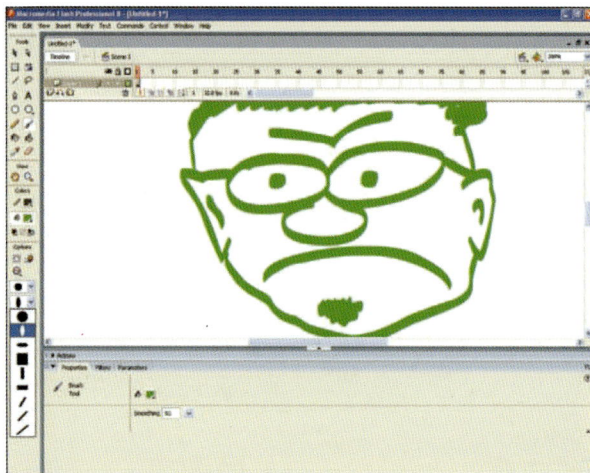

图4.18 当你选择好了刷头的形状后，你就可以按下鼠标按钮在场景舞台区上拖动开始绘画。

画笔模式的使用

Flash可以提供五种画笔模式来控制你的画笔绘制的图形从而影响场景舞台区上的其他物体。点击选项部分（Options section）的画笔模式下拉箭头来打开这些画笔模式；一个可供选择的选项菜单会出现在场景舞台区上。如图4.19所示，这些选项包括有以下几种：

◆ **标准绘图** 该模式所绘制的颜色区域所到之处会被覆盖为画笔的颜色。

◆ **颜料填充** 在这种模式中，只有那些有可填充部分和空白区域的物体可以被填充。换句话说，你不能用这种模式来给外框线填色。

◆ **后面绘画** 在这种模式中，画笔只能画在空白的地方，不会盖住图形的任何一部份，就像画在场景舞台区上原图形的后方一般。

◆ **颜料选择** 在这种模式中，只能在被选中的区域里绘画（在本章后面的部分你将会学到如何创建选择区）。

◆ **内部绘画** 该模式会将画笔颜色填入封闭区域内。

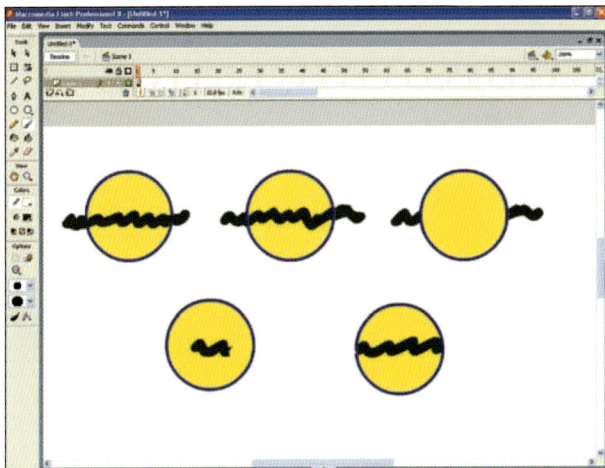

图4.19 从左向右，再从上往下看，这些圆圈分别表示的是标准绘图、颜料填充、后面绘画、颜料选择和内部绘画的画笔模式。

线条工具（Line tool）的使用

不需要行家的指点，你也能明白线条工具能做什么——它是用来画线条的。使用其他工具可以改变线条的大小、颜色以及类型。为了改变这些选项，你需要使用属性察看器。如果属性察看器还没有被激活，使用Ctrl+F3快捷键将其打开。接着按以下步骤操作：

1. 点击工具面板里的线条工具。
2. 在属性察看器中调整线条的大小、形状以及颜色。
3. 点击鼠标后在场景舞台区上拖动。你瞧，当你将鼠标按钮松开时，你所画的线条就出现了（见图4.21）。

压力和倾斜选项的使用

有两个按钮，见图4.20。（图像输入板是一个允许你用笔而不是鼠标来控制屏幕的光标的电脑硬件。）位于左边的是压力按钮，当它被选中后，你越用力按压图像输入板上的笔，屏幕上显示的油墨就会越重。位于右边的则是倾斜按钮，如果图像输入板支持倾斜选项，那么当你选中它后，你就可以通过控制图像输入板上的笔的角度来控制屏幕上油墨的"流动"了。

图4.20 这两个按钮是专门为使用图像输入板的人所设计的。

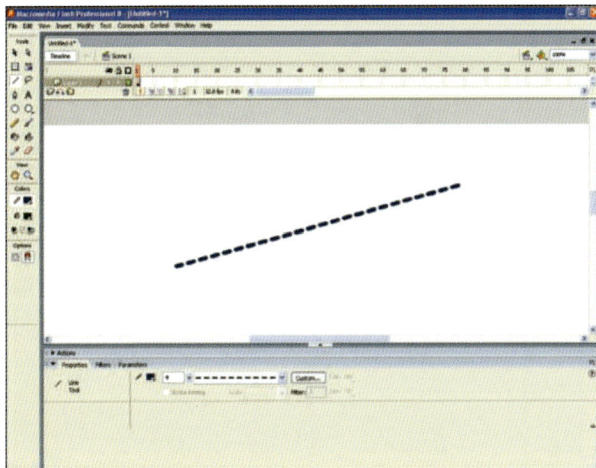

图4.21 你可以通过使用属性察看器来改变线条的颜色、大小和类型。

钢笔工具（Pen tool）的使用

在你开始这一部分的操作之前我要先给你一些忠告：一开始使用钢笔工具并不简单。但是，一旦你掌握住它的窍门，你就会发觉钢笔工具是绘图工具里最为精密的。这一部分将展示给你使用钢笔工具的各种途径，我们先从简单的图形制作开始，然后再进入到复杂的图画绘制。

1. 选择钢笔工具后,在场景舞台区上点击一次鼠标。如图4.22所示，在你所点击的地方会出现一个小圆圈。

2. 在这个小圆圈的左边或者右边移动鼠标指针并再次点击鼠标。这时就会出现一条线，从你第一次点击的地方开始延伸至现在点击的这一点处，如图4.23所示。

3. 现在在场景舞台区上移动你的鼠标指针至任意一处并且点击一下。刚才那条线会延伸到现在这个新的点上。

4. 最后，再次点击最开始时的那一点，这时你刚才所绘制的那些线条就会呈现为一个封闭的图形的外框线（见图4.24）。这个图形将会以默认设置的颜色被填充起来。

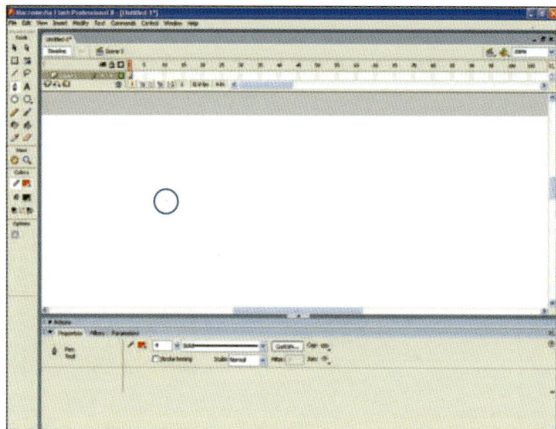

图4.22 当你用钢笔工具在场景舞台区上点击鼠标时，会出现一个小圆圈。

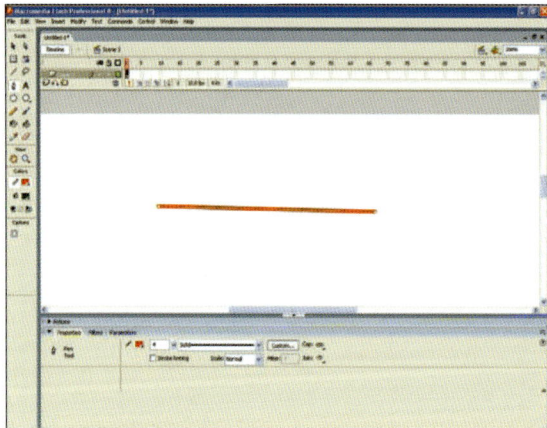

图4.23 第二次在场景舞台区上点击鼠标，会出现一条连接第一个点和第二个点的线。

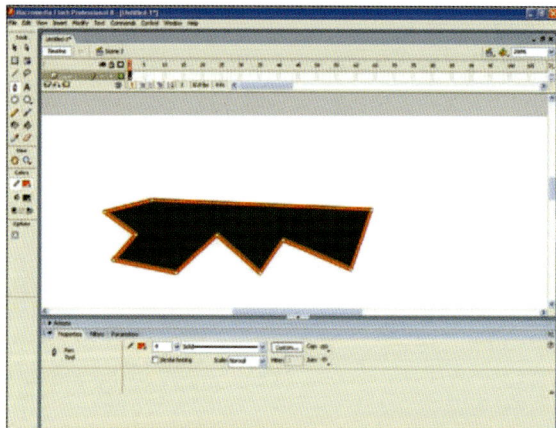

图4.24 当再次点击开始时的点时，这个图形会被封闭起来并且被默认颜色所填充。

用钢笔工具绘制曲线

在上一部分，你用钢笔工具绘制了直线——这种方法可能比用线条工具或者画笔工具都更为容易。其实，钢笔工具的主要作用是用来绘制曲线，这也是现在我们所要谈的问题。

1. 选择钢笔工具，在场景舞台区上点击一次鼠标。在你点击鼠标的地方会出现一个小圆圈。

2. 将你的鼠标指针移动到场景舞台区上的另外一个位置上。这一次不仅要点击，还要拖动鼠标——但是不能将鼠标按钮松开。

3. 持续按下鼠标按钮的同时，上下移动鼠标来制作出一条曲线。移动的幅度越大，那么这条曲线看上去就会越弯。

4. 向左或者向右拖动鼠标来调整这条曲线的中心点，如图4.25所示。

5. 当你拖动鼠标的时候，一条线会预先显示出来，当你松开鼠标按钮后，这条曲线就会自己呈现出来。

6. 要想画出与这条曲线相交织的另外一条曲线，在场景舞台区的另一个位置上点击鼠标，并且将鼠标从刚才那条曲线的一点上拖动过去。

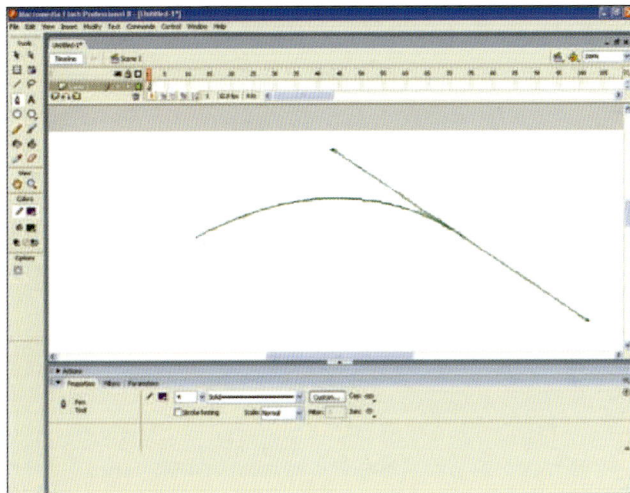

图4.25 当你向左或向右、向上或向下拖动鼠标的时候，这条曲线的中心点以及高度就会发生变化。

如果你已经用钢笔工具画出了一条曲线，接下来你又想在别的位置上画另外一条曲线了，有三种方法可供你选用。一个是通过点击起始点来形成一个封闭的弧形图案——如果你想要的是一个开放的弧形图案，那么这种方法是不行的；第二个也是最为简便的办法是按下Esc按键，这样可以结束这条曲线来开始画一条新的曲线了；最后一种方法是，你可以选择另外一个不同的工具来结束这条曲线。

橡皮擦工具（Eraser）的使用

我知道这听起来是有点好笑，因为通常你都是用橡皮擦去擦掉一些东西，但是在Flash中的橡皮擦工具可以用来画出一些有趣的图形。比如说，你可以用橡皮擦工具来擦掉一个现有图形的某些部分，从而制造出其他很棒的图形。你也可以用这个工具来修改那些现有的图像。

1. 随意在场景舞台区上画出一个椭圆形图案。不用在意它的颜色或者大小，你需要的只是一个可以用来操作的图形。

2. 点击橡皮擦工具，接着点击选项下的下拉箭头，这时会出现一个关于不同形状和大小的菜单来。随意选择某个橡皮擦的大小和形状。

3. 点击鼠标并在场景舞台区上拖动鼠标。当你拖动鼠标的时候，这个图形的一部分将会被擦掉，如图4.26所示。

4. 如果要擦掉场景舞台区上的全部物体，双击橡皮擦工具。

实例练习

到现在为止，你已经学习了好几种工具的使用了。现在是时候考考你了。我想让你就用那些我们已经接触到过的工具，来试着画出如图4.27所示的那张卡通脸。不必担心脸的颜色，只需要专注于这些形状。（在下一章里我会更为详细地讲述有关颜色的问题。）如果尝试绘画这个图，并且获得成功了，那么恭喜你！如果没有成功，也不要担心，根据以下步骤操作来赶上进度。

1. 通过按下Ctrl+F3快捷键来将属性察看器打开。

2. 点击椭圆形工具，将线条高度设置为4。如果你愿意，还可以将填充物和外框线的颜色改变成你所喜欢的颜色。

3. 按住Shift键，点击鼠标并将鼠标在场景舞台上拖动制作一个圆圈至图4.28显示的位置上，在这里画这张脸上的第一只眼睛。重复这一步骤，在第一只眼睛的旁边画下第二只眼睛，如图4.29所示。

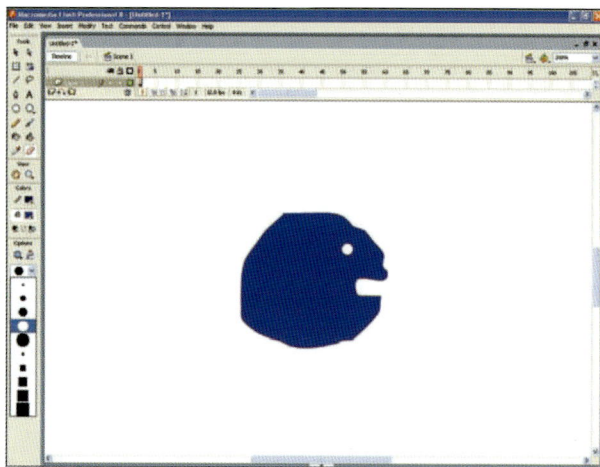

图4.26 你可以使用橡皮擦工具来制作出各种有趣的图形。

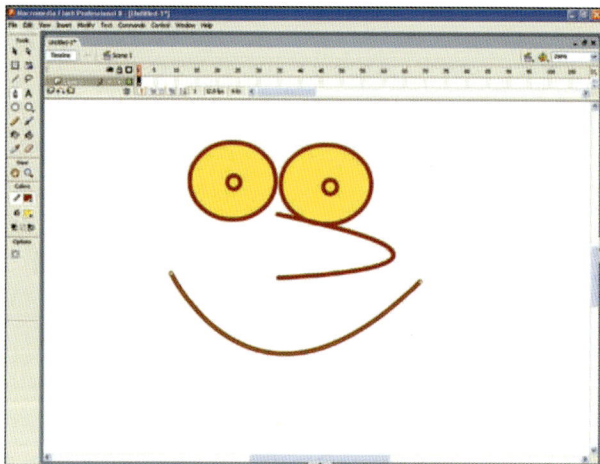

图4.27 试着画出这张卡通脸。

4. 重复步骤3来制作出两只眼睛的眼球，如图4.30所示。

5. 现在可以画鼻子了。选择钢笔工具，在两个眼球之间正下方的地方点击一次鼠标。一个小点会在这里出现。

6. 在两个眼球之间点击鼠标，再将鼠标向左拖，直到鼻子的预先图形看起来像图4.31所示的那样。如果看起来差不多了，放开鼠标按钮，你的鼻子就出现了。（嗯，不是你的鼻子，而是你所画的这个角色的鼻子。）按下Esc键。

7. 在鼻子下面靠左一点的地方点击鼠标来绘制嘴巴。这时又会出现一个小点。

8. 在步骤7中你点击鼠标的再向右一些的地方点击鼠标，然后向右上方拖动鼠标，直到这条弧线看起来和图4.32中的那张微笑的嘴巴一样。哈哈！你已经成功制作出这张卡通脸来了！虽然不是什么杰作，但真是一个很好的开始。

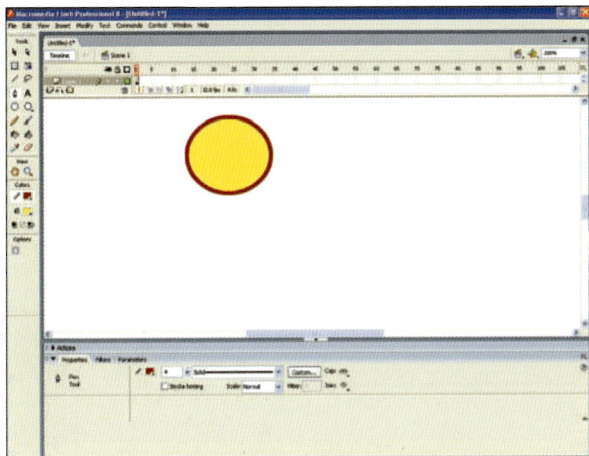

图4.28 在场景舞台区左上方的位置画出第一个圆圈。

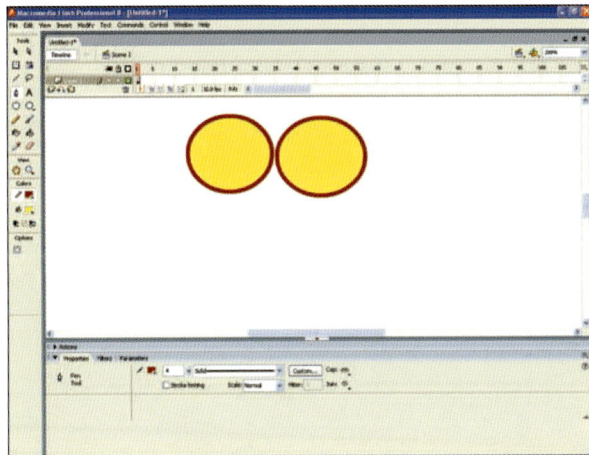

图4.29 在第一个圆圈的右边画出二个圆圈来。

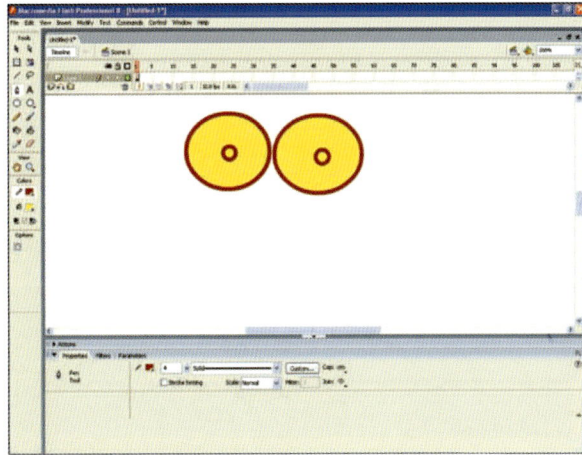

图4.30 在圆圈中画出两个眼球来。

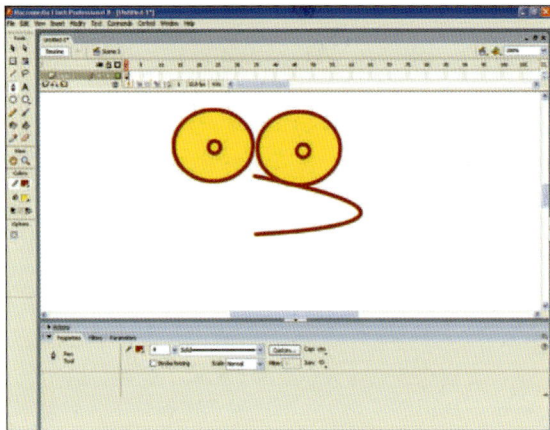

图4.31 当你松开鼠标的时候，鼻子看起来要像图中显示的这个样子。如果不太像，按下Ctrl+Z快捷键，再重新画一次。

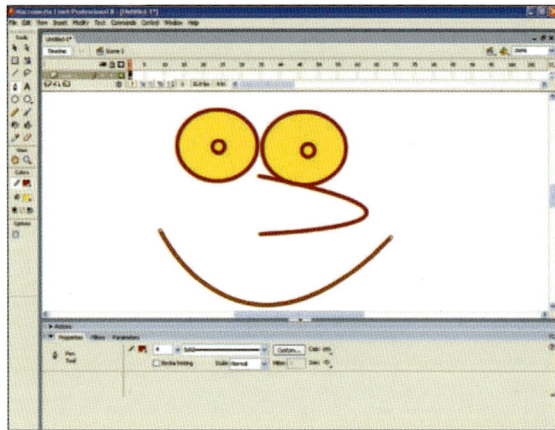

图4.32 当你画完之后，这张卡通脸看起来要像图中的样子。

文本的添加

有时人们会想要给他们的动画添加一些文本——尤其是为了网络使用而制作的动画。给你的动画添加文本非常简单，你只需要选择文字工具(Text tool)，然后在场景舞台区上点击一下再打出文字即可！当你的文本写好后，你可以改变这些字的大小、字体、颜色、间隔、类型以及其他属性。

1. 点击文本工具，然后在场景舞台区上点击鼠标。现在你可以输入你想要的文字内容了。当你打字的时候，你会看到在这些文本的周围会出现一个框。

2. 当你完成文字编辑后点击这个框之外的任何一个空白处，框会自动消失。

3. 使用文本工具再次点击这些文字。文本周围的框会再次出现，你可以继续补充文字或者删去已有文字中的部分内容。如果要删去文字，点击并拖动鼠标来将这些文字选中（见图4.33），接着按下删除键（Delete）或者后退键(Backspace)。

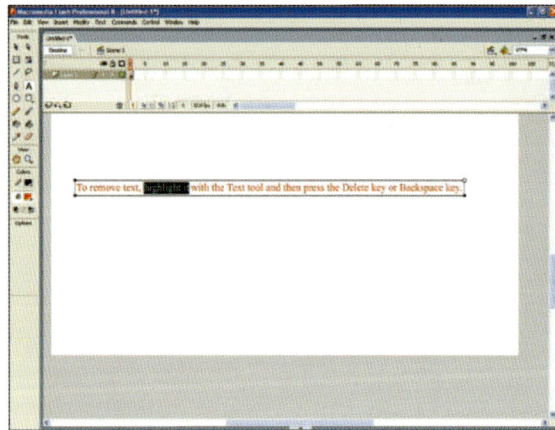

图4.33 要想移动文本，先用文字工具选中它，接着再按下删除键或者后退键即可。

4. 如果还要添加文本，只需要在你想要插入文本的某一处点击鼠标，这样就可以输入文字了。如果要将文本添加到已经存在的文本上，那么当鼠标指针一接触到文本框上的时侯，一条新的行就会出现。如果你不想重起一行，点击并拖动文本框的最右边的处理器（上面标有一些黑点或者正方形）来改变这个文本框的大小就可以了。

文本属性的修改

在Flash中修改文本的属性和改变其他任何程序里的文本是差不多的作法。除了改变那些你已经输入的文字的属性，你也可以预先建立起你的文本设置。

1. 如果属性察看器还没有启动，按下Ctrl+F3快捷键来将其打开。属性察看器将会出现在屏幕的底部。

2. 文本工具已经被选中后，点击鼠标，在你所想要改变文本属性的文本上拖动鼠标。或者在一个新的区域上点击一次鼠标，在你开始打字前对文本属性做出改动。

3. 在属性察看器里可以随意改变任何的文本属性，包括字体、文字的大小、颜色、以及其他各种选项（见图4.34）。你还可以添加一个网址，这样的话，当有人点击这个文本时，他或她就可以进入一个具体的网页上。

图4.34 在属性察看器中你可以改变许多文字属性。

物体的选择

能够选择物体是Flash中最为重要的一点。当你选中了一个物体之后，你就可以进行各种的尝试了，比如给物体上色，改变物体的大小、形状，或者将该物体移动到另外一个位置上。你也可以一并选中多个物体，以组的形式来改变它们，全部物体的改变就可以一次完成。这一部分涵盖了可以在Flash里进行选择的方法。

选择工具（Selecting objects）的使用

选择工具是Flash里选择物体的最主要的工具。正如你在本章之前的部分所学到的，每一个物体都是由外框线和填充物构成的。你可以通过选择工具来选择一个物体的外框线、填充物，或者同时选中两者。你可以创建一个空白框，或者直接点击这个物体或者是它的外框线。参照以下步骤，熟悉一下选择工具的使用：

1. 首先在场景舞台区的中央画出一个椭圆形。画完之后，点击选择工具的按钮。（选择工具按钮是工具面板左上方的一个按钮，显示为一个黑色的箭头。）

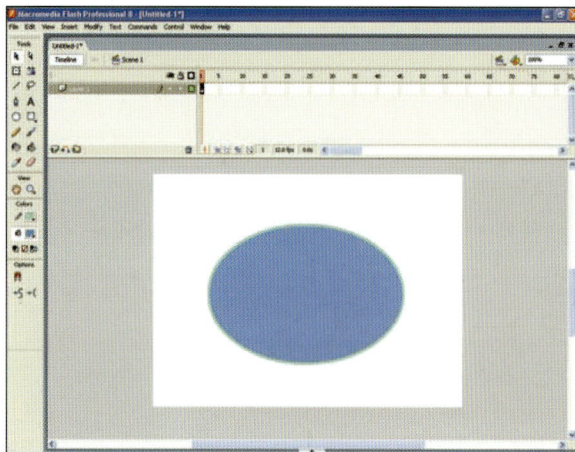

图4.35 当填充部分被选中时，一个有许多网眼的网状物将会覆盖在上面，这表明这个区域被选中了。

2. 在椭圆形的中央点击一次鼠标，这样就选中了椭圆形的填充部分。当这个填充部分被选中后就会呈现出网格状，如图4.35所示。

3. 点击物体外的场景舞台区或者灰色背景上的任何空白区域，这样就可以取消对椭圆形填充部分的选择，网格也会随之消失。

4. 点击椭圆形的外框线。如图4.36所示，被选中的外框线将会呈现出网状，这也就意味着它被选中了。

5. 在场景舞台区或者屏幕上的任何空白处再次点击鼠标，这样就可以取消对外框线的选择。

6. 将鼠标指针放置在椭圆形的左上方，如图4.37所示。然后点击鼠标并将鼠标向右下方拖动。当你拖动鼠标的时候，会出现一个空白框，这表明这个框内的区域被选中。继续拖动鼠标，直到这个空白框可以将椭圆形完全包围起来，接着松开鼠标按钮，框内所有的东西就都被选中了——在这种情况下，椭圆形以及它的外框线全都被选中了。

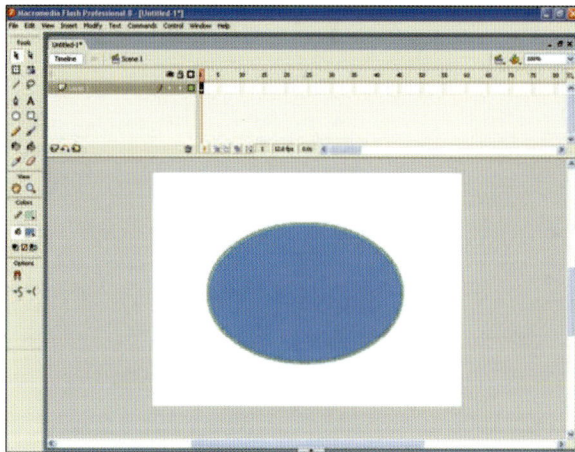

图4.36 也许用肉眼很难看清，但是这个椭圆形的外框线确实被选中了，因为网状物将外框线覆盖住了。

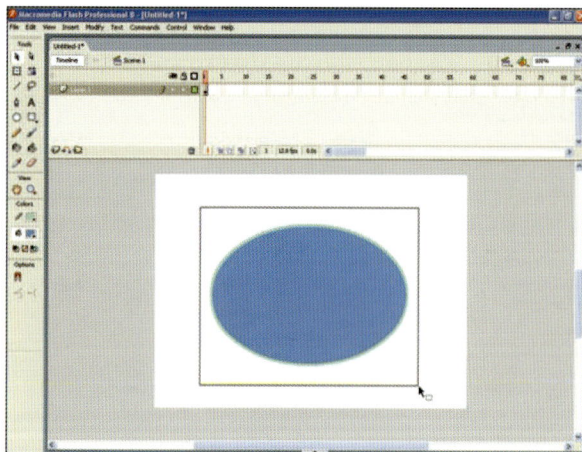

图4.37 在椭圆形的左上方点击鼠标并将鼠标拖动到椭圆形的右下方，这样就会出现一个空白框。

7. 在场景舞台区或者屏幕上的任意空白处点击鼠标，这样就可以将对椭圆形的选中命令取消掉。

8. 这一次，用选择工具选中物体的一部分。像之前一样，点击并拖动鼠标来创造覆盖椭圆形的空白框——这一回，将鼠标拖动至椭圆形中间的一点上，如图4.38所示。当你松开鼠标按钮时，与空白框重叠的椭圆形部分将被选中（见图4.39）。你可以移动选中的部分，也可以改变这部分的颜色和大小，或者将这个部分放在一个新的位置上。（在下一章中，你将会学到如何操作所有这些内容。）

9. 点击椭圆形工具，在你的键盘上按下J键，创建一个新的椭圆形。（按下J键就激活了物体绘画选项，将外框线和填充物融合在了一起。）接下来，试着重复步骤8，但是要注意，你不能只选择物体的某一部分。因为物体绘画选项已经被激活了。要想关闭物体绘画选项，再次按下J键。

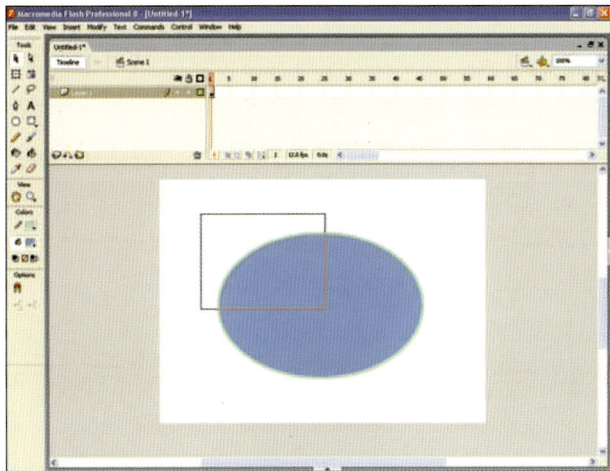

图4.38 制作出一个只覆盖了椭圆形的一部分的空白框。

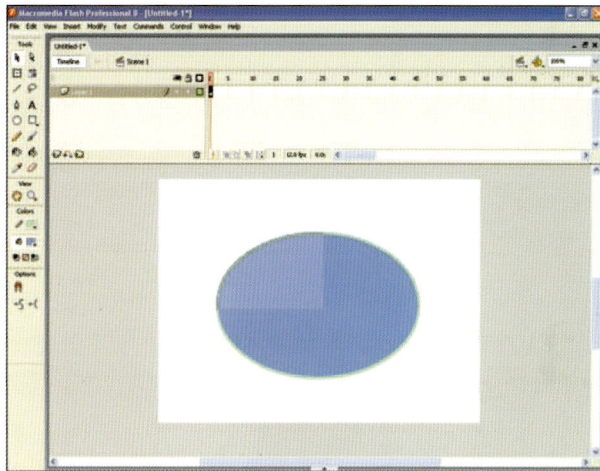

图4.39 当你松开鼠标按钮后，只有与空白框相重叠的椭圆形的填充部分和外框线部分是被选中的。

套索工具（Lasso tool）的使用

在前一部分的步骤8里，你使用选择工具来选择物体的一部分。套索工具则更为先进，你不但可以用它选择物体的一部分，而且可以直接将想要选中的部分徒手画出来。这一工具在你要选择多个物体或者紧紧相邻的物体的时候极为有用。以下是操作步骤：

1. 首先在场景舞台区上绘制一个图形，然后选中套索工具。（套索工具是工具面板右栏里的第三个按钮）

2. 点击鼠标并将鼠标在图形上拖动，这样就绘制出了一个手动图案。当你松开鼠标按钮时，你的手动图案部分就被选中了。像其他被选中的部分一样，这里也会出现一个网状物，意味着这个区域已经被选中（见图4.40）。

次选工具（Subselection tool）的使用

当使用任何一个我已经提及的选择工具时，都会出现一个网状物来标示那些已被选中的区域。然而，当你用次选工具来选择一个物体时，组成物体外框线的轨（path，轨迹是指组成图形的线条和点）将被呈现出来。如果你要改变某个物体的形状，这个工具是相当有用的。在本章后面的部分我会更多地探讨物体形状的改变问题，现在你只需要知道如果你通过空白框或者用次选工具点击来选中了某个物体的外框线，一系列的点（或方块）就会将这个物体围绕起来，如图4.41所示。

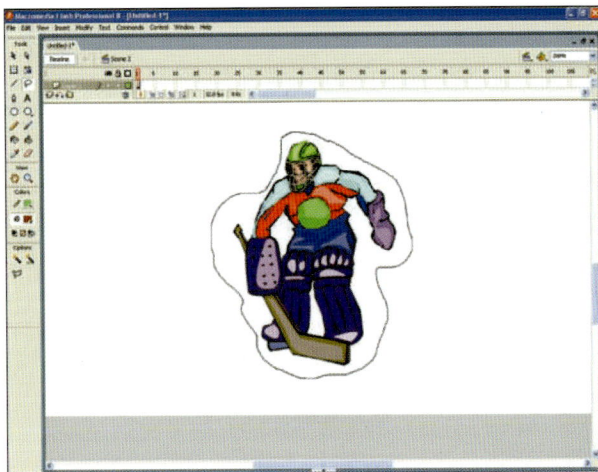

图4.40 你可以通过使用套索工具来将你所选的物体或物体的一部分用一个手绘的图形圈起来。当松开鼠标时，在这个你画的覆盖物里的一切东西将被选中。

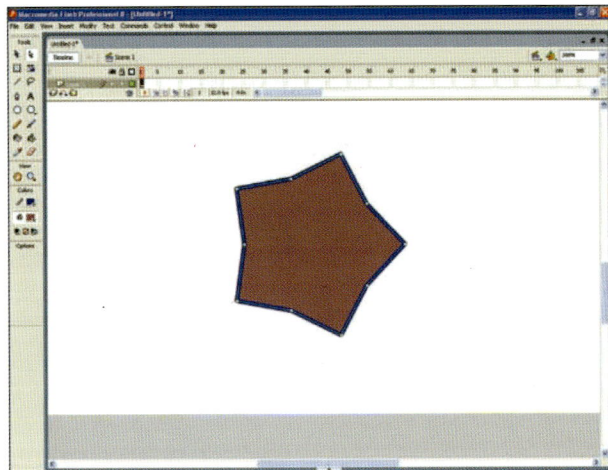

图4.41 当你用次选工具选中一个物体的外框线时，这个外框线上将会呈现出一系列的点。

多个物体的选择

　　大多数情况下，你都需要将属性变化一次应用于多个物体上。至于你选用什么工具并不重要，一次选中多个物体的操作方法都是一样的。以下是具体操作步骤：

1. 在场景舞台区上画出五个圆圈，如图4.42所示。

2. 一个可以同时选中多个物体的最快的方法是使用选择工具画出一个空白框来将它们覆盖住。要画出这个覆盖物，点击选择工具并将鼠标指针置于左上方的那个圆圈的左上方。接着，点击并拖动这个覆盖物直到它将上边的三个圆圈全部覆盖住，这时就可以松开鼠标了。如图4.43所示，上边的三个圆圈应该已经全被选中了。

3. 点击场景舞台区上任意空白处来取消对圆圈的选中。

4. 现在，试着用这个覆盖物将场景舞台区上除了第一行中间那个圆圈之外的所有的物体选中。这似乎是不可能的，不是吗？你不可能制作出一个覆盖物，将中间的圆圈排除在外但却选中其他所有的圆圈。那么这样试一试：先制作出一个将所有圆圈包含入内的覆盖物。接下来，保持按下Shift键的同时在第一行中间这个圆圈的周围点击并拖动鼠标，做出一个覆盖物。这样就将这个圆圈删除掉了，如图4.44所示。

5. 像刚才那样，在空白处点击鼠标，取消之前所做出的选择命令。

6. 除了画出一个覆盖物来选中物体，你也可以通过按下Shift键的同时点击各个物体的填充部分或者是外框线来将它们选中。现在，首先点击一下位于第一行中间那个圆圈的填充部分，接下来，在按下Shift键的同时，点击其他几个圆圈的填充部分和外框线来将它们选中，如图4.45所示。要想取消某个选中的物体，在按下Shift键的同时点击该物体即可。

7. 还是像刚才那样，点击空白处将选中的物体取消。

8. 你也可以用套索工具来同时选中多个物体。只需要在拖动鼠标来覆盖住某个物体的同时按下Shift键即可。

9. 像之前一样，在空白处点击鼠标取消对物体的选中。

10. 要想快速选中场景舞台区上的所有物体，可以使用Ctrl+A快捷键。

11. 像之前一样，在空白处点击鼠标取消对物体的选中。

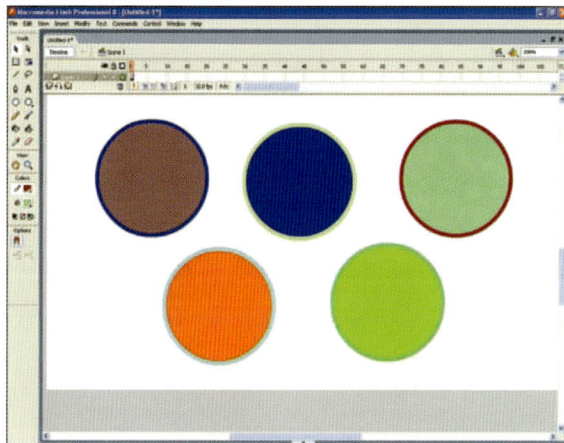

图4.42 如图所示，你也可以给这些圆圈上色，但是这并没有必要。（在下一章中你会学到如何给物体填色。）

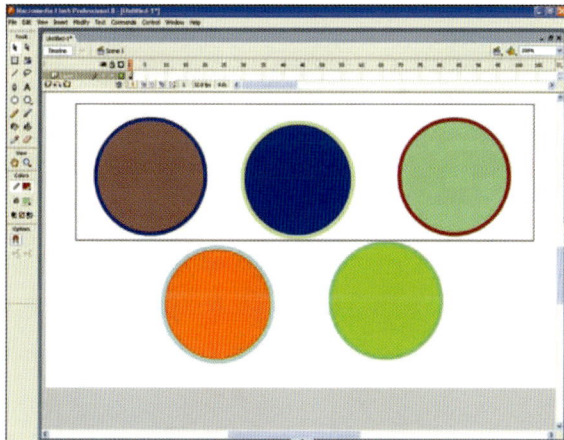

图4.43 当松开鼠标按钮时，在覆盖物内的所有东西都会被选中。

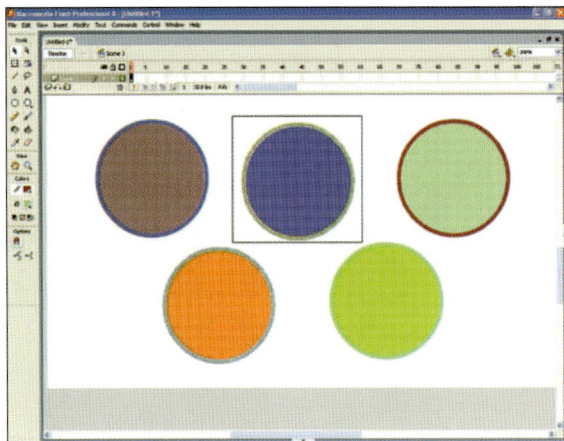

图4.44 在按下Shift键的同时,你可以移动(或者添加)一些物体到你选中的区域去。

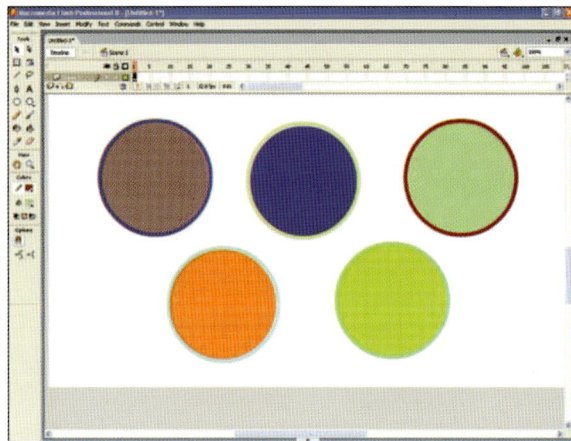

图4.45 通过按下Shift键的同时点击不同物体的填充部分或者外框线,你就可以将它们添加到你选中的范围内,或者从所选范围里将它们移出。

物体的导入

不论它们是CD里存的图画,还是你从网上下载的图片,或者是朋友传给你的文件,不夸张地说,有几十种文件可供你导入到Flash中去。导入过程也相当简单,只有几个步骤:

1. 打开文件菜单(File menu),选择导入(Import),再选中导入至场景舞台区(Import to Stage),或者也可以使用Ctrl+R快捷键来打开一个导入对话窗口(Import dialog box),如图4.46所示。

2. 浏览你电脑上含有你想要的文件的文件夹。

3. 双击这个文件。这个文件就会被导入到场景舞台区上了,这样,这个文件就可以像场景舞台区上的其他物体一样被操作了。

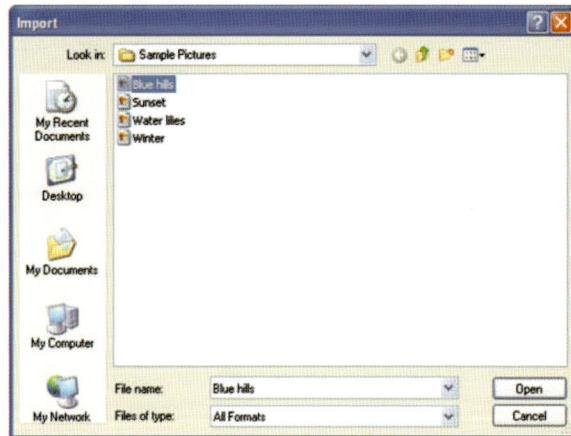

图4.46 按下Ctrl+R快捷键来将导入对话框打开,从这里你就可以选择想要导入的文件了。

文件的类型

如前文所提到的，有几十种文件可供你导入到Flash中。要想看到一个完整的清单，点击导入对话框里的文件类型的下拉箭头，如图4.47所示。即使你没有看到你正在寻找的那个文件类型，你还可以通过使用复制和粘贴命令来将你想要的图片导入到Flash中去。比如说，我有一些存在CD的剪贴画图片是CMX格式的（或者是原始音频CD数据文件coreldraw格式的），如果我在原始音频CD数据文件里打开想导入的剪贴画，然后就可以将它复制并且粘贴到Flash里去。

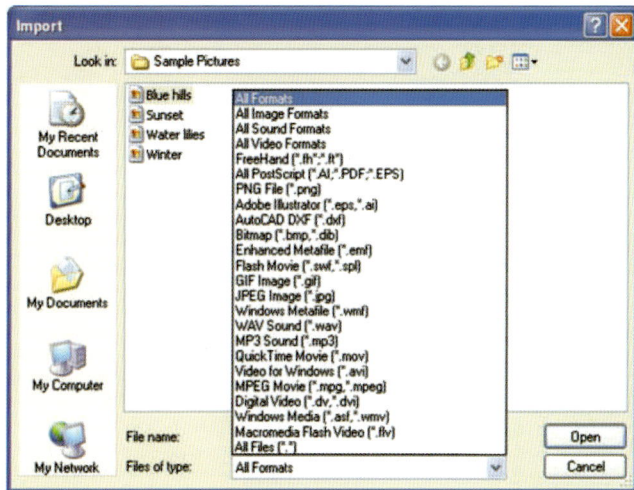

图4.47 文件类型的下拉清单展示了它所支持的各种文件格式。

第五章
物体的变形和填充

一旦你已经将物体制作出来、导入进来，并且将其选中，那么你就可以用无数种方式来将它们处理成为你所喜欢的样子。我的意思是，要改变这些你制作和导入的物体，还有什么是Flash做不到的吗？这一章将探讨的是一些用来调整物体外形的方法。包括颜色填充、旋转、倾斜以及压缩等多种方法。我将着重介绍一些美化图片的技术，而这些技术也是你必须知道的。对这些技术的了解不仅可以帮助你做练习、制作物体 以及背景，还可以被用来制作你真正的动画，这也是下一章我所要讲的内容。

物体的移动

能够将那些你已经制作出的物体进行移动，对以后制作角色和动画来说都是非常重要的。正如你在第四章"物体的绘制、选择和导入"中所学到的那样，为了能够移动一个或者一系列的物体，首先必须使它们处于被选中的状态。(如果你忘记怎样选中一个物体，请参看第四章。)一旦物体被选中，你就可以用好几种方法来移动它了。

移动一个物体最简便的方法是用选择工具来拖动它。要想这样做，将鼠标指针置于这个物体上，点击鼠标并将鼠标拖动至一个你中意的地方。当你拖动鼠标的时候，这个物体将会呈现出绿色的外框线，这样你就可以预先看到这个物体将被移到的位置了，当你将鼠标按钮松开时，这个物体将会被移动到和这个绿色的外框线一致的位置上去，如图5.1所示。如果你选用套索工具或次选工具来选中你的物体，上述方法也适用。只需要选中物体，接着在这个选中范围内点击并拖动鼠标来实现所有被选中物体的移动。另一个移动物体的方法是将物体选中后，用键盘上的方向键（Arrow key）来向上、向下、向左或向右地移动它。

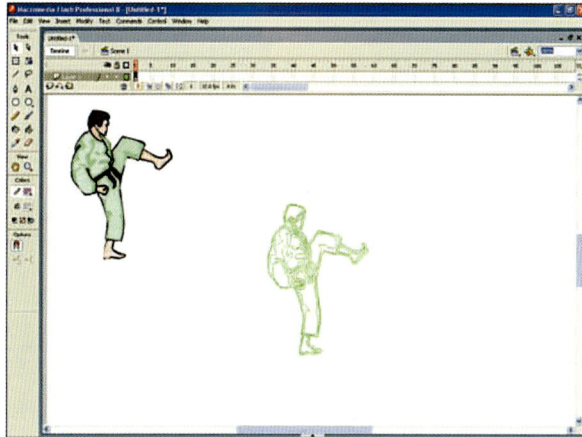

图5.1 当你拖动一个被选中的物体时，这个物体将会呈现出绿色的外框线来，这样你就可以预先看到这个物体的新位置了。

吸附功能（Snapping）

　　当你将物体在场景舞台区上拖动时，它看起来并不是在自由流畅地移动，而是时不时地会停顿在某个特定的位置上。这是由于吸附功能所造成的，吸附功能像是一个虚拟磁铁。当你想要将物体放在场景舞台区上一个精确的位置上时，这个功能是非常有用的，但是也会带来一些麻烦。你可以将吸附功能启动或关闭，通过打开视图菜单(View menu)，选择吸附功能，然后根据你想将其启动还是关闭来选择点击吸附选项按钮。（这些选项旁边有对勾符号表示它们已被选择。）你可以做以下几种选择：

◆　**对齐排列Snap to align**　这个选项根据默认设置是开着的。当你将一个物体移动到另外一个物体的旁边时，就会出现一条垂直的或是水平的线来将你要挪动的这个物体环绕起来，这样在挪动时就可以将这个物体与场景舞台区上的其他物体对齐排列了。

◆　**网格线对齐Snap to grid**　你在上数学课或者是自然课的时候使用过方格纸吧?如果用过，你就一定知道使用方格纸可以很容易地将东西排列整齐。这也正是为什么网格线(Grid)在Flash中非常重要的原因了——它可以在场景舞台区上形成不会显示出来的横向和纵向的线条。使用网格线——你可以通过打开视图菜单(View menu)，选择网格线(grid)，再选择网格线显示(Show grid)来将其启动——这样你就能很快辨识出物体是否排列整齐了。如果你选中了吸附功能里的网格线选项，那么网格的线就会起到磁石一般的作用，当你移动物体时，物体就会短暂地停留在网格线上。

◆　**靠齐辅助线 Snap to guides**　靠齐辅助线类似于一个自定的网格，你可以自己制作它。要制作一条辅助线，你必须首先打开尺子工具(Rulers)。要想打开尺子工具，打开视图菜单选择尺子工具。接下来，将鼠标指针置于垂直的尺子或者是水平的尺子上，点击并将鼠标拖动到场景舞台区上来制作出辅助线，这样你就可以用它来对齐物体了。靠齐辅助线被启动后，当你将一个物体移动至一条你所制作的辅助线的旁边时，这个物体就会向它对齐。

◆　**像素吸附 Ssnap to pixels**　如果你将焦距调至400像素或更高像素的时候，就会出现一个像素吸附功能，这个功能可以显示你的动画的合成像素。打开这个像素吸附功能就可以使物体吸附到相应的像素标准上。

◆　**物体吸附 Snap to object**　打开这个功能可以使场景舞台区上所有的物体相互吸附起来。当你将一个物体移动至靠近另一个物体的位置上时，这两个物体就会相互吸附住。

调整对齐对象（Aligning objects）

　　虽然吸附功能可以用来帮助你将物体对齐，但是在Flash里还有一个专门为对齐和分散（隔开）对象而设计的工具。你可以将物体或垂直或水平地按照它们的边对齐起来。以下是具体操作步骤：

1.　将你想要对齐或隔开的对象选中，如图5.2所示。
2.　打开修改菜单（Modify menu），选择对齐工具(Align)，接着再从众多的对齐和分散选项中选中一个，如图5.3所示。被选中的物体将会根据你的选择被对齐或者是分散开。

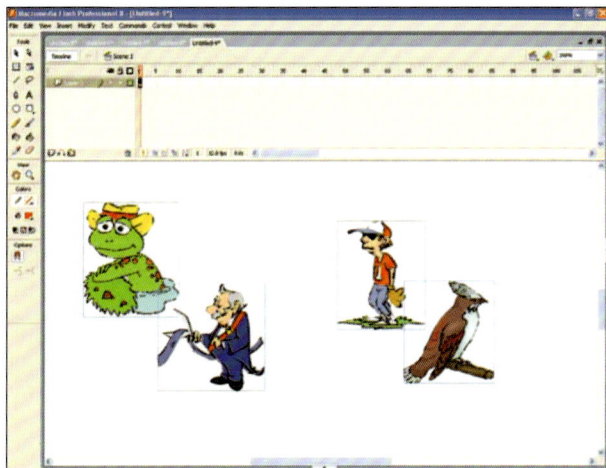

图5.2 随便用一种选择方法将你所想要对齐的物体选中。

图5.3 在这个例子里，使用的是向上对齐选项，所以场景舞台区上的这些图画就被水平地排列整齐了。

任意变形——移动物体的位置，改变物体的大小、压缩、倾斜和旋转物体

任意变形工具（Free Transform tool）是Flash里的瑞士军刀——它可以做很多的事情！不论你是想移动一个物体，改变这个物体的大小，将这个物体旋转、倾斜还是压缩，任意变形工具都是你的上乘选择工具。虽然你也可以用其他多种工具和属性察看器来完成这些任务，但是任意变形工具是最容易的操作工具。任意变形工具位于工具面板里选择工具的下边。只需要点击这个工具（见图5.4），再点击你想要做出改变的物体，这样就做好了将该物体变形的准备工作啦。

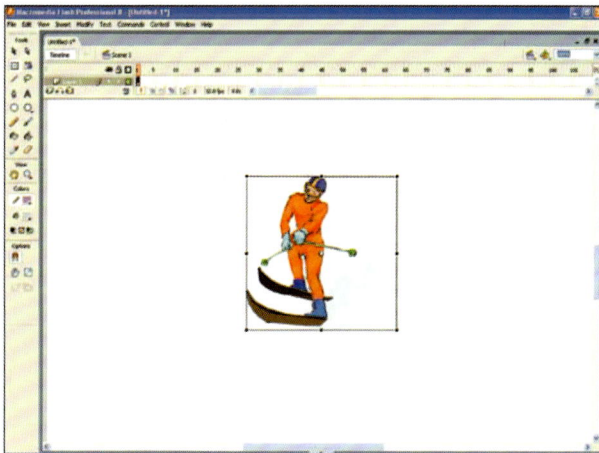

图5.4 当你用任意变形工具选中某个物体时，在这个物体的周围就会出现一个带有一系列角手柄（黑色的小点）的框。

物体的移动

用任意变形工具来移动物体与用其他任何选择工具来移动物体是非常相似的。当点击任意变形工具后，将鼠标指针放到你想要移动的物体上（此时的鼠标指针将会变成一个四向箭头，如图5.5所示）。点击该物体，并将该物体拖动到一个新的位置上。当你拖动的时候，这个新的位置将会被预先显示出来。

物体大小的改变

用任意变形工具来改变物体的大小，只需要将鼠标指针放到正确的位置上——所谓"正确的位置"是指在任何一个角控点（Corner handle）上。无论你的鼠标指针处于哪一个角控点上，它都会变成一个双向箭头。在此处点击并向内或向外拖动鼠标，这样就可以缩小或者增大这个物体了。在你拖动鼠标的过程中，如图5.6所示，将会有一个关于新的物体的大小预展图出现。

物体的压缩和扩大

你曾想过迅速地增肥或是减肥吗？使用任意变形工具，你所画的物体就能做到。只需要点击这个物体的任何一个边控柄（Side handle），并且将其拖动，你就可以随意地压缩或者扩大你的物体了。向内拖动边控柄即可以压缩物体，向外拖动边控柄则可扩大物体。就像移动物体以及改变物体大小那样，绿色的外框线会给你预先展示出这个物体的新的形状（见图5.7）。

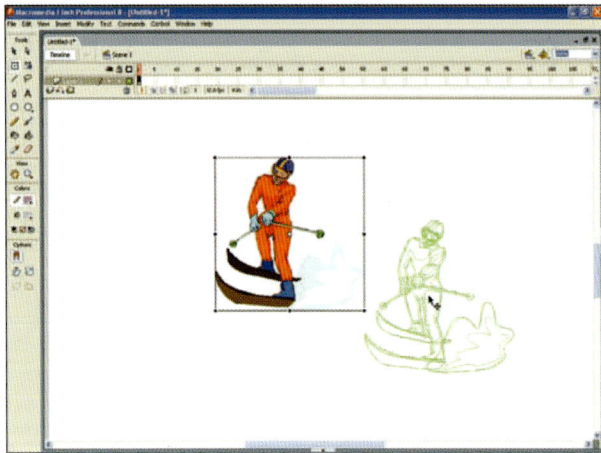

图5.5 当鼠标指针放置在物体上时，注意光标的变化。

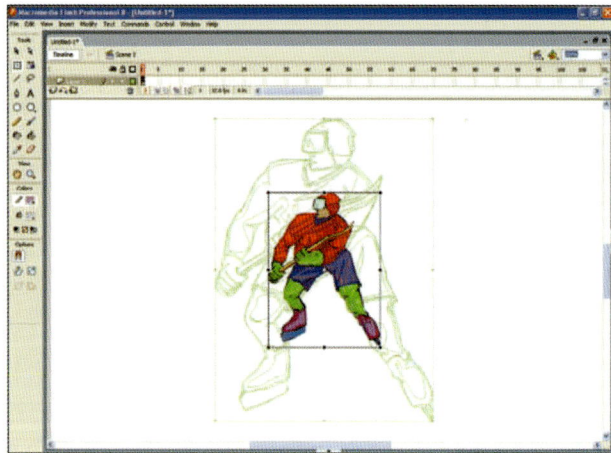

图5.6 当你拖动任意一个角控点时，这个图形的大小就会被改变，一个用来显示新物体的大小的绿色外框线将会出现。

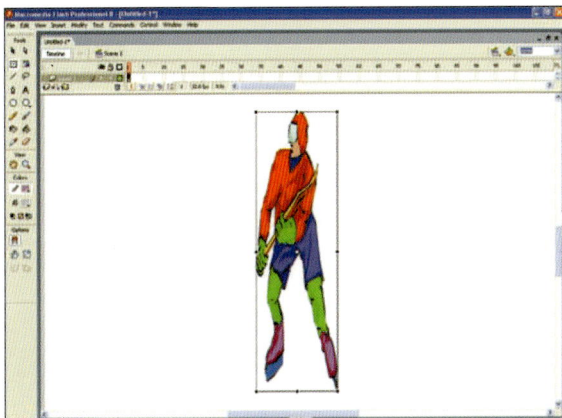

图5.7 点击任何一个边控柄并且将它向内或向外拖动，你就可以压缩或者扩大这个物体了。

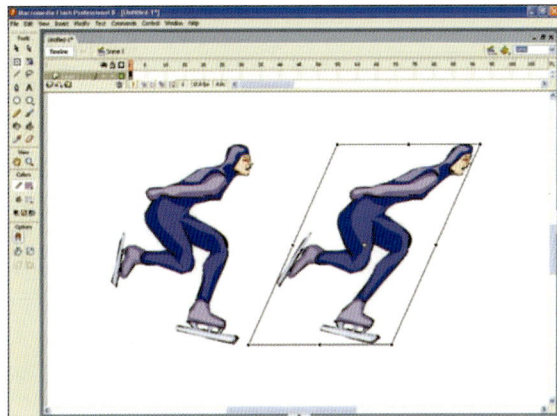

图5.8 右边的图是被倾斜了的。

物体的倾斜

如果你不是非常了解什么是"倾斜"，那么就看一下被倾斜了的字母"I"。注意观察它看起来像什么，它好像被推歪了，变成了"*I*"。这就是倾斜工具能所做出的效果。它使得物体看起来像被放歪了。你可以向上或向下将它倾斜，也可以向左或向右将它倾斜。

要想将一个物体倾斜，将鼠标指针放置在环绕物体的框的任何一个位于两个角控点之间的线上。确定位置后拖动鼠标，鼠标指针会变成两个指向不同方向的箭头。接下来，按照你想要的物体倾斜方向点击并拖动这条线，如图5.8所示。

物体的旋转

用任意变形工具来旋转一个物体，你需要将鼠标指针置于任何一个角控点之外。当鼠标指针变成一个带有箭头的小圆圈时，这就表明你所放置的地方是正确的。一旦鼠标指针发生了变化，你就可以点击并拖动鼠标指针做圆周运动了，将该物体向顺时针或逆时针方向转动，或者将物体整个旋转过来（参见图5.9）。

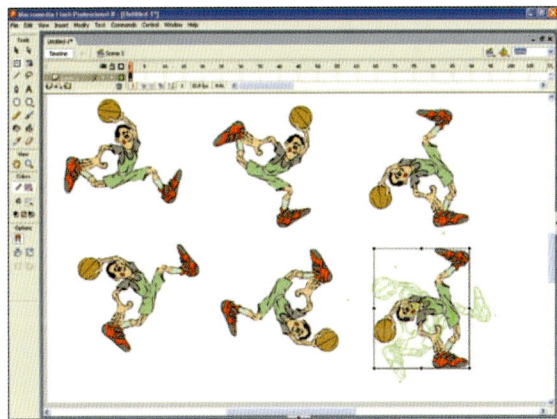

图5.9 最原始的图位于左上角，其余都是从不同方向不同程度上被旋转了的效果图。

根据默认设置，旋转的中心点——即物体转动时围绕着的那一个点——位于该物体的中心。想象一个自行车的车轮：它是围绕着车轮中心的那个车轴在一圈一圈地旋转的。那么，车轴也就是旋转的中心。但是如果你想将物体的旋转中心换到一个其他的地方呢？在Flash里，旋转的中心可以被换到任何地方。以下是具体的操作步骤：

1. 先选中任意变形工具，然后点击你想要旋转的物体。这个物体的四周将出现很多的控制柄，这时你会看到在这个物体的中心有一个白色的小点。这个白色的小点表示的就是这个物体的旋转中心。

2. 点击这个小白点，并将这个小白点拖动到一个新的位置，如图5.10所示。

3. 将鼠标指针放置在任意一个角控点的外边。当鼠标指针变为一个半圆时，你就可以旋转物体了。点击并拖动这个半圆光标，拖动时呈圆形拖动，这个物体就会围绕着这个新的旋转中心点旋转了，如图5.11所示。

任意变形文本

将文本位置和大小改变，压缩、扩大、倾斜和旋转与这样操作物体略有不同。虽然也可以通过任意变形工具来将文本改变大小和倾斜等等，但是不先将它拆分开是不能执行这些操作的。要想将文本拆分开，按以下步骤进行操作：

1. 右击文本的第一个字，从出现的菜单栏里选择拆分功能（Break apart）。

2. 对文本块中每一个单独的字重复以上步骤。

3. 当文本被完全地拆分开后，你就可以像往常一样，用任意变形工具来改变文本的形状了。点击空白部分来将文本的选中命令取消掉，接着再逐个点击那些你想要做出改变的字。

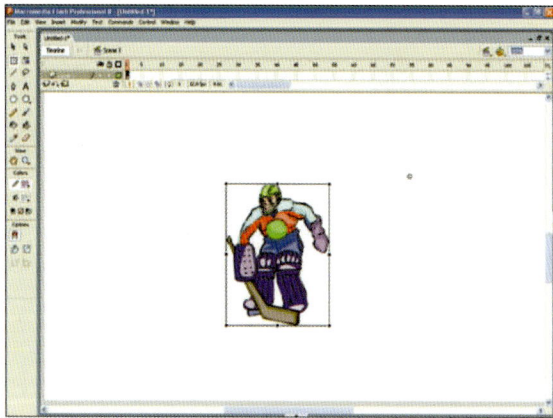

图5.10 点击小白点，也就是旋转的中心，并拖动它到一个新的位置。

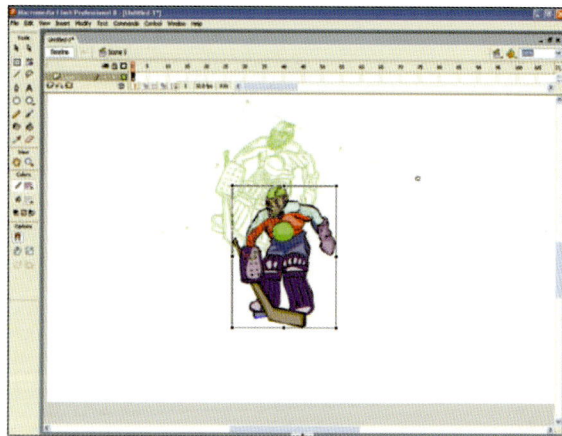

图5.11 注意观察物体是如何围绕着这个新的旋转中心旋转的。

改变物体的形状

让我们来面对这样一个问题：即使你是为了给幼儿园的小朋友制作动画，基本的圆形、矩形和星形在制作动画的时候都是不够用的。幸运的是，你可以利用这些基本的图形来组合制作各种复杂的图形。有几种方法可以帮助你改变这些图形的属性，这些方法包括有——选择工具、属性察看器等等。

用选择工具改变物体的形状

如果你也有着上述的烦恼，那么你也许不是世界上最优秀的艺术家。但这也没什么!有了Flash，你不需要成为最棒的艺术家。通过选择工具，你就可以制作出一些古怪奇妙的图形。使用选择工具或者套索工具，都可以选中物体的一个部分，然后将选中的这一部分删除，这样你就可以随意创作各种新奇的图形了。你见过一个缺失了一个扇形部分的饼形图吗？这就是你制作它的步骤：

1. 首先在场景舞台区的中间创作出一个圆形来。

2. 接下来，如图5.12所示，选取一个和这个圆形的左上角相重合的部分。

3. 将鼠标指针放置在这个被选中的部分上，点击鼠标，将这个部分向上微微偏左的方向拖动，这个部分就与那个圆形脱离了，如图5.13所示。

4. 你可以删掉这个部分，只留下那个残缺的图形，或者选择将这两个部分都保留下来。如果要删除这个部分（或者被选中的物体）只需要点击键盘上的Delete键即可。

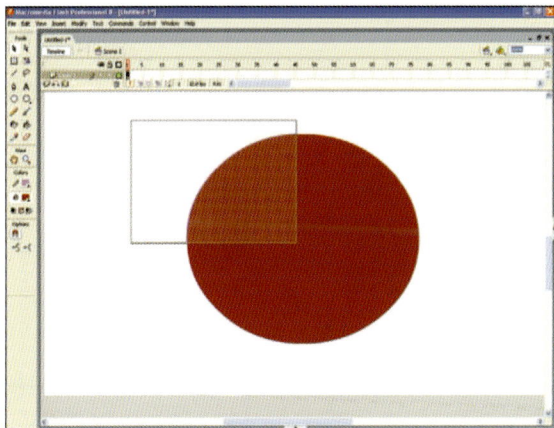

图5.12 用选择工具将圆形的左上角部分选中。

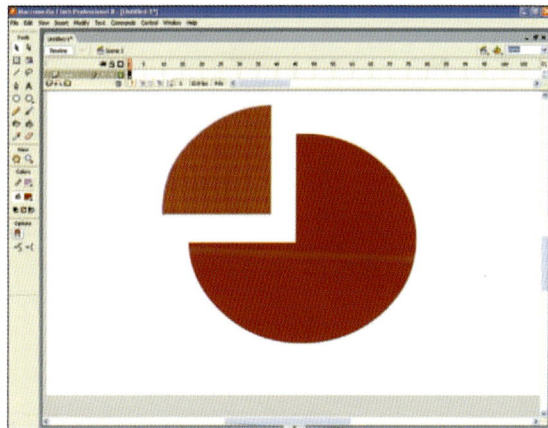

图5.13 将选中部分移走后，就形成了两个看起来很有趣的图形。

> ## 物体的剪切、拷贝、复制和粘贴
>
> 当你选中一个物体后，你就可以通过键盘快捷键来拷贝(Ctrl+C)、剪切(Ctrl+X)、复制(Ctrl+D)或者粘贴(Ctrl+V)它了。拷贝和剪切剪贴板上被选中的物体；复制这个被选中的物体意味你不需要首先将它放置在系统剪贴板里就可以拷贝它。

用其他图形来改变物体的形状

在场景舞台区上创作有趣的图形的另一个方法是使用别的图形。你有没有用过饼干切割刀来做饼干呢？同样的原理也适用于Flash里的图形制作，将一个图形当做是"饼干切割刀"来切割其他的图形。以下是具体的操作步骤：

> 在你开始操作之前，确定工具面板选项部分中的物体绘画按钮没有被选中。

1. 制作两个圆形，如图5.14所示。（你没有必要做得跟在我这里展示的圆一模一样，你的两个圆可以是不同的颜色。）

2. 使用任何一种方法，点击右边的这个圆形并将它移动到和左边的这个圆形相重合的某个位置上（见图5.15）。

3. 点击场景舞台区上的空白区域来将这个圆圈的选中命令取消掉。

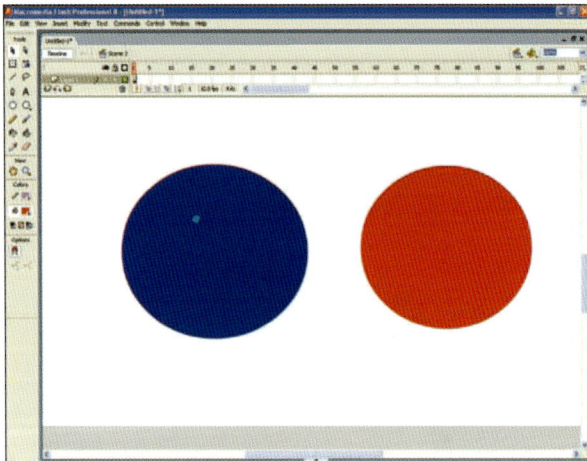

图5.14 在场景舞台区上画出两个圆形。

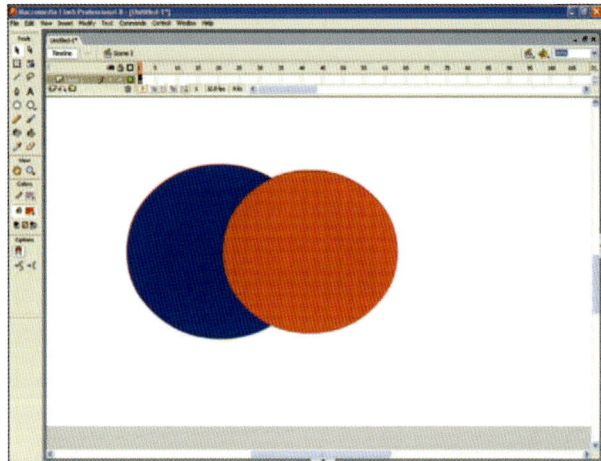

图5.15 将右边的圆形移动到和左边的圆形相重合的某个位置上。

4.　点击同一个圆再次将它选中。接着，在按下Shift键的同时点击这个圆的外框线，这样就能同时选中这个圆的外框线和填充部分了。

5.　按下Delete键，此时就只剩下了左边的这个月亮形的图形了，如图5.16所示。

重合的图形

　　哦不！如果你不小心将两个图形重合起来，这时会发生什么？不幸的是，位于下面的那个图形将会消失，因为它不能再被完整地选中了。要想明白我所说的是什么意思，画出一个圆形来，接着再制作出一个正方形，使其与这个圆形部分重合。现在试一试将这个圆形整个选中——你已经做不到了！你只能将没有被正方形遮盖住的那部分选中。这样一来，如果你想要再次使用整个圆形就做不到了。为了避免这种问题的发生，按下你的键盘上的J键，这样就可以激活物体绘画功能了。这会将填充部分和外框线组成一体。当这个物体被选中时，即使有另外的物体覆盖在它的上面，这个物体也不会再被拆分开了。

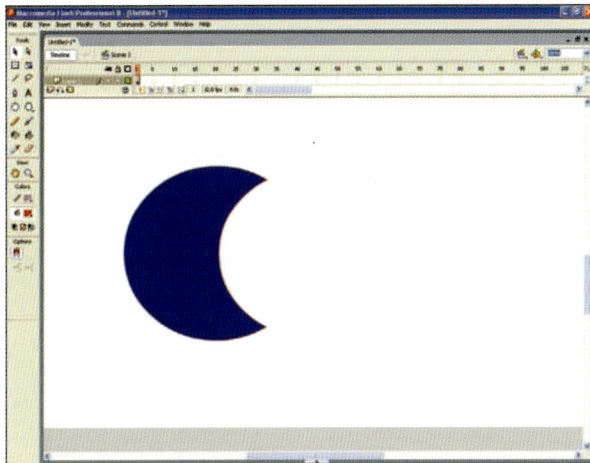

图5.16 你可以通过使用其他诸如"饼干切割刀"式的图形来制作出各种有趣的图形来。

物体顺序的改变

　　物体在场景舞台区上所排列的顺序取决于它们被制作的顺序。比如说，你先制作了一个椭圆形，接着你又制作了一个矩形。如果你将这个矩形物体移动到这个椭圆形的物体上，这个矩形就会处于椭圆形的上边。如果你想将椭圆形放在矩形的上面，你就需要改变它们的顺序了。以下是具体的操作步骤：

1.　点击这个椭圆形物体。

2.　点击物体绘画按钮，或者使用J键来启动物体绘画功能。这样的话，你就可以分别将这两个图形选中了，即使它们是相互重合着的。

3.　在场景舞台区任何别的位置上制作出一个椭圆形。

4.　点击矩形工具，在场景舞台区上制作出一个矩形来。

5.　将矩形移动到和椭圆形相重合的位置上。由于这个矩形是后被制作的，它将会处于椭圆形的上面，如图5.17所示。

6. 将矩形选中后（在你制作出矩形后它就被选中了），打开修改菜单（Modify menu），选择排列（Arrange）选项来进行排列选择。具体是这样的：

◆ **置于顶层** 点击这个选项可以将被选中的物体放在所有物体的前面。

◆ **前进** 这个选项使被选中的物体向前排一层。

◆ **置于底层** 这个选项可以将被选中的物体置于所有物体的后面。

◆ **后退** 这个选项使被选中的物体向后排一层。

◆ **锁定** 这个选项可以将被选中的物体锁住，这样它就不能被选择和移动了。

◆ **全部解锁** 这个选项可以解开所有被锁物体。

7. 点击后退选项将矩形放置在场景舞台区上其他物体的后面，如图5.18所示。

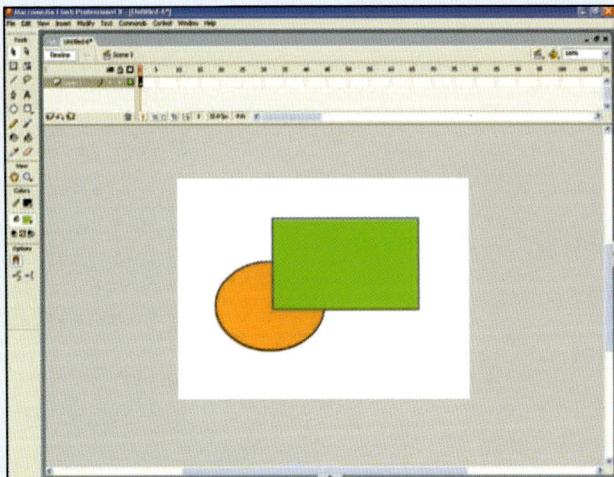

图5.17 由于这个矩形是后被制作出来的，因此它位于椭圆形的上面。

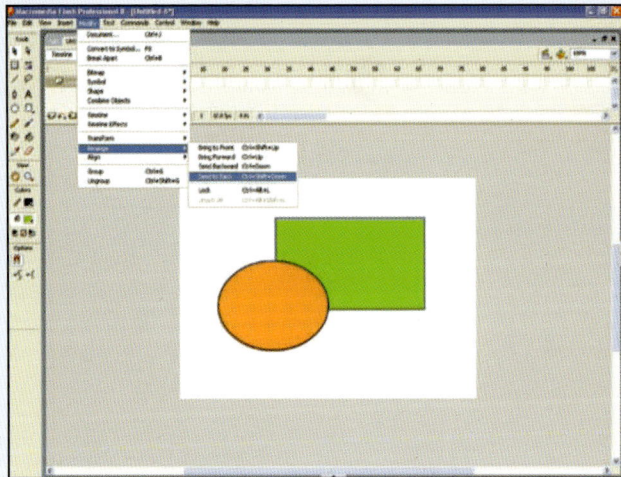

图5.18 当你选中了后退选项后，这个矩形就被放置到了椭圆形的后面。

你也可以通过将两个物体合并来制作出有趣的图形。试着这样做：

1. 制作出两个颜色一样、外框线颜色也一样且相互重合的椭圆形，如图5.19所示。

2. 你也可以将两个或两个以上，外框线颜色不相同的物体合并起来。一开始，我们先制作出两个相重合的椭圆形，但是它们的外框线颜色要有所不同，填充部分可以相同，如图5.20所示。

3. 用选择工具来点击两个椭圆形相重合的部分的外框线，并且仅将这一部分选中。

4. 按下Delete键，这时就产生了如图5.21所示的这个图形了。

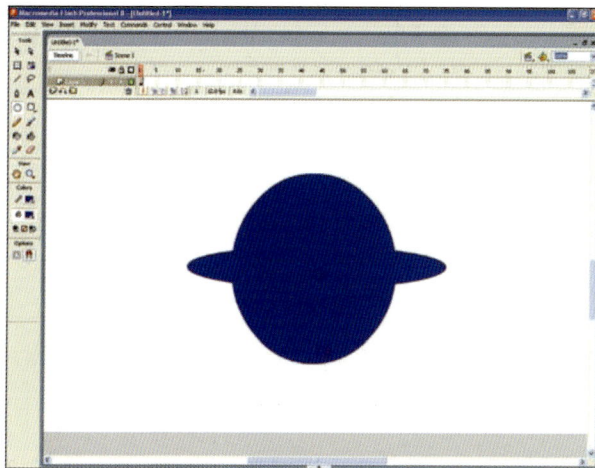

图5.19 当两个填充颜色一样、外框线颜色也一样的图形重合起来时，它们就变成了一体。

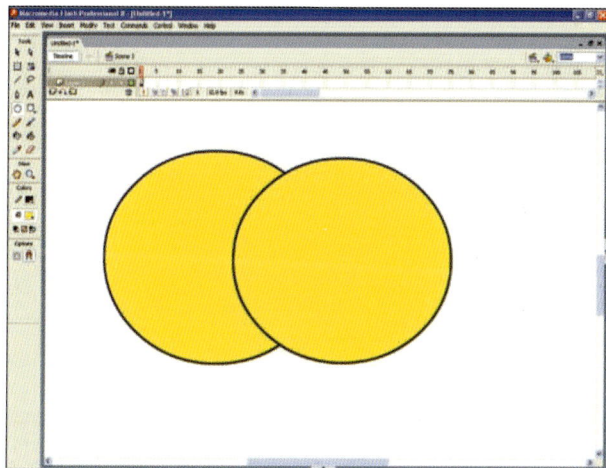

图5.20 当两个图形重合时，你可以将它们重叠的外框线部分删除，从而使它们成为一个整体。

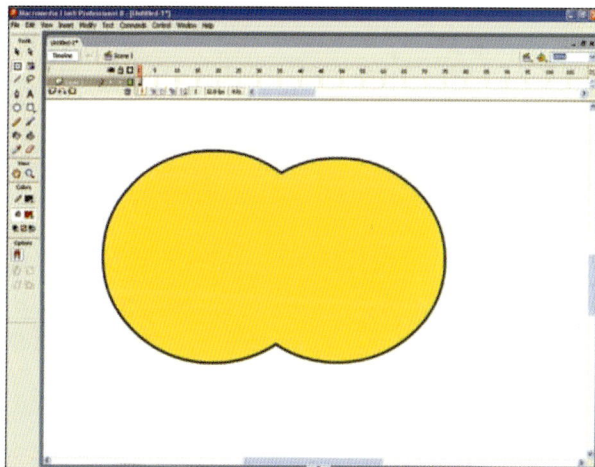

图5.21 当两个图形重合部分的外框线被删除后，你就能看到这个有趣的图形了。

5. Transforming and Filling Objects

用次选工具（*Subselection tool*）来改变物体的形状

你可以使用次选工具来改变物体的形状和外框线。外框线是由一些叫做定位点(Anchor poin)的小点组成的，外框线又构成了物体的形状。被次选工具选中后，物体的外框线就变得像橡皮泥似的可以被随意地拉伸或挤压，也就是说，你可以利用物体四周的定位点来改变线段(Line segment)。

定位点的移动

当使用次选工具来移动一个物体的定位点时，这个物体的填充部分也会随之移动。以下是具体操作步骤：

1.   随便制作出一个图形。

2.   用次选工具选中这个物体的外框线。在外框线的周围将会出现一系列绿色的定位点，如图5.22所示。

3.   将你的鼠标指针放在这些定位点上，点击鼠标并向内或向外地拖动。当你松开鼠标按钮后，你就会看到不仅物体的外框线形状发生了变化，而且外框线内的填充部分也发生了改变以适应新制成的图形（见图5.23）。

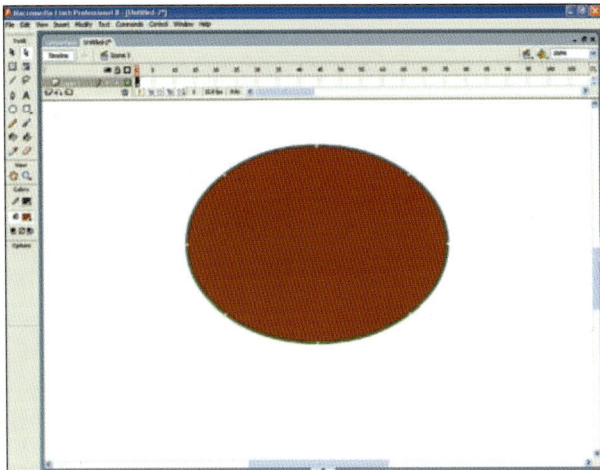

图5.22 当使用次选工具来点击物体的外框线时，组成线段的定位点将会变成绿色。

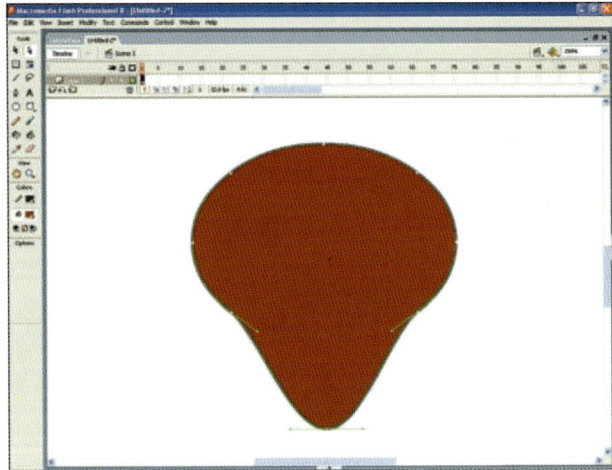

图5.23 点击这个椭圆形最底部的定位点，再向下拖动它，这样一个新的有趣的图形就形成了。看起来像是一个外星人的脸，不是吗？

弯曲的线条

在上一部分中你也许已经注意到这样一个问题，当你点击某个定位点时，将会出现一条和这个定位点相交的绿色的短线。这条线叫做切线（Tangent），它可以用来将外框线弯曲。以下是具体操作步骤：

1. 随便制作一个图形。

2. 用次选工具选中它的外框线。

3. 随意点击某个定位点。这时就会出现一条切线，这条切线上不仅会出现在你所点击的这个定位点，而且同时也会出现在这个定位点两侧的其余两个定位点上，如图5.24所示。

4. 注意连接这个定位点的切线两头的绿色小圆点。随意点击并拖动一个小圆点，这样就可以将线段弯曲了。你可以对其他所有的线段重复以上操作，如图5.25所示。

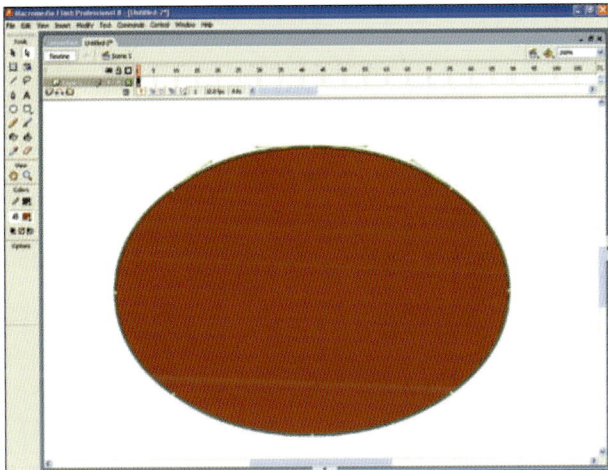

图5.24 有一条切线将会出现在你所点击的这个定位点上。

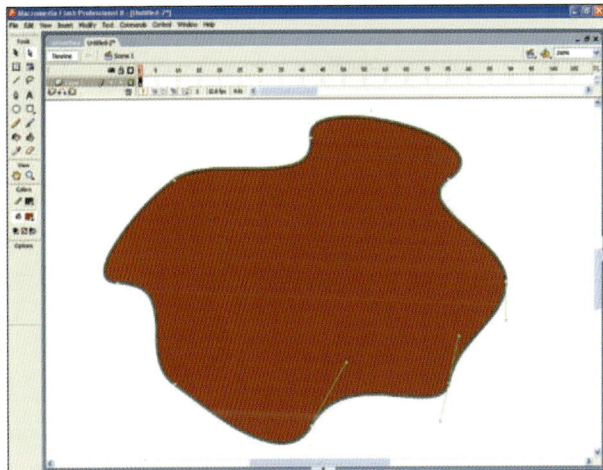

图5.25 你可以通过弯曲任何一个定位点来制造出千奇百态的图形。

用属性察看器改变物体的大小和形状

在上一章里，你已经简要地了解了如何用属性察看器来改变一个物体的外框线和填充部分的大小、样式和颜色了。除了可以改变这些属性，你还可以利用属性察看器来改变某个物体形状的大小和位置。如果属性察看器还没有打开，用Ctrl+F5快捷键将它启动，被打开的属性察看器会出现在屏幕的底部。

一旦你已经选中了某个物体，根据这个图形是如何被制作的或者它是从哪里导入的，属性察看器里有许多供你改变的属性。在属性察看器的左下角，你会看到四个分别标有字母W、H、X和Y的小方框。W框和H框分别表示的是你所选中的物体的宽度像素值和高度像素值（见图5.26）。

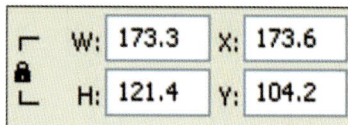

图5.26 你可以利用这四个小方框来调整你所选中的物体的大小和位置。

你可以改变这些数字来增大或者减小你所选中的物体。你还可以通过在这些小方块里输入一系列的不均衡的数字来将你选中的这个物体压缩或者扩大。不明白吗？比如说，你选中了圆形，这个圆形的宽和高的像素值都是100。如果你将这个圆形的高度调整为200像素值，那么这个圆形就会被延展开。也就是说，利用属性察看器，你不仅可以改变被选中物体的大小，还可以使被选中的物体缩小或延展（见图5.27）。

你也许已经注意到在W框和H框的左边有一个闭锁小图标。点击这个图标，你就可以锁定或者解锁比例设置（Proportion setting）。如果这个设置已经被锁定，那么宽度和高度的比例将永远和你的设置值一样。比如说，你已经将一个正方形设置为100×200，如果比例设置被锁定了，你将宽的值调整为50，那么高的值就会自动改变为100，这样就可以保持原始的比例设置了。

X框和Y框明确说明了场景舞台区上你所选中的物体的位置。也就是说，你可以通过改变这两个小方框里的数值在屏幕上移动你所选中的物体。字母X表示所选物体所处的水平位置（左或右），字母Y则表示的是这个物体所处的垂直位置（上或下）。

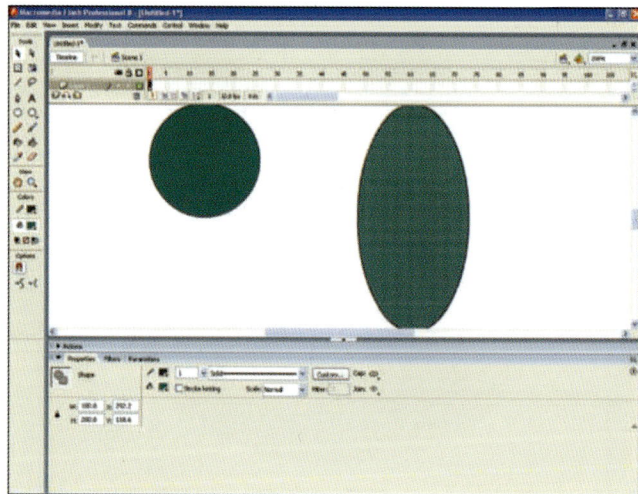

图5.27 左边的圆形像素为100×100，右边的椭圆形是通过属性察看器将圆形的像素调整为100×200，从而产生的延展效果。

填充物和外框线的应用

没有颜色的动画是不完整的——除非你所制作的是一部黑白动画！颜色是动画成败的关键。它可以使物体脱颖而出，传达出信息和情感，并将一些部分凸现出来。基于颜色的重要性，Flash为你提供了多种多样的方法来为你的填充物和外框线填色。你最终所选用的方法则取决于你的个人喜好以及你所制作的对象的类型。单色只是填充物和外框线颜色的一种选择。Flash还为你准备了不同的渐变色填充工具，这些填色工具都包含了两种或者两种以上颜色。在这一部分里，你将会学习到关于图像颜色的选择和应用的不同方法。

颜色的选择

Flash为你提供了很多的颜色选择，这样你就可以为你的填充物和外框线选择理想的色彩了。当你将某种颜色选中，这个颜色就是"已加载的"了，直到被改变前，这个颜色都将是默认色彩。

用工具面板选择颜色

选择一个物体的填充部分及其笔触（也就是它的外框线）的颜色的最简单的方法，就是从工具面板(Tools panel)里的颜色区（Colors section）选择颜色了。注意观察在工具面板里有两个颜色按钮，上边的这个按钮控制的是笔触颜色（Stroke color），下边的这个则是填充色(Fill color)了。不论你点击哪个颜色，屏幕上都会出现一个调色板，你就可以在这个调色板（Palette of color）上挑选颜色了。如图5.28所示，只要点击某个颜色后，这个颜色便被加载了。

如果这些颜色样板里没有包含你想要的颜色，你就可以将颜色对话框(Color dialog box)打开了。这个对话框可以让你创造出如彩虹般绚丽的颜色。以下是具体的操作步骤：

1. 随意点击工具面板里的填充色（Fill color）按钮或者是外框线颜色(Outline color)按钮，就会出现相应的颜色样板。

2. 点击那个看起来像是颜色轮一般的按钮，它位于样板的右上角（见图5.29）。这个按钮可以将颜色对话框打开。

在你绘制之前，最好将物体的填充部分的颜色和外框线的颜色选好。这样说来，一个物体被制作出来后，其颜色也可以被改变。用一种选择工具将这个物体选中，接着加载一个不同的颜色。

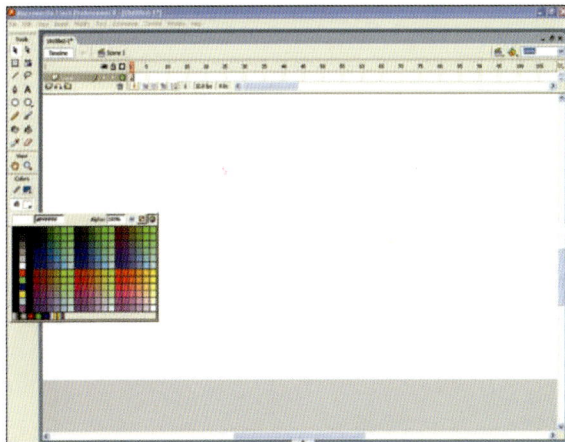

图5.28 当填充色按钮被选中时，一个调色板就会出现。

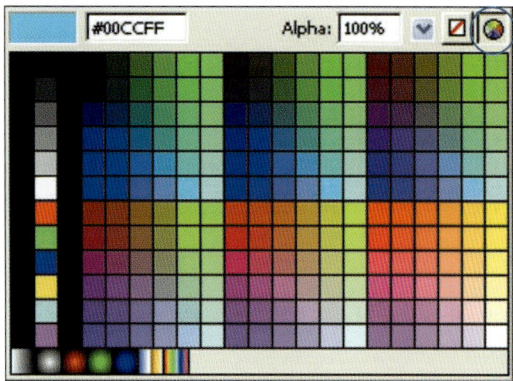

图5.29 点击样板左上角的按钮来打开颜色对话框。

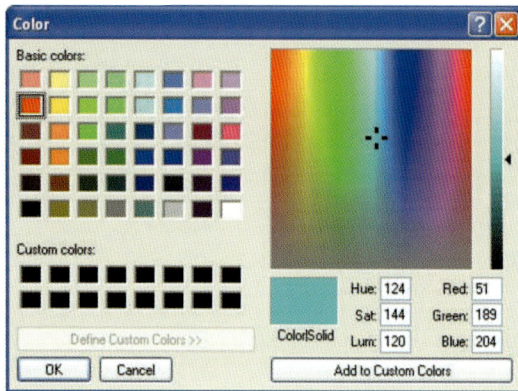

图5.30 这个颜色对话框为你提供了许多种色彩。

3. 在对话框的右侧，你会看到一个有着很多颜色种类的正方形。在这个方块里点击你想要的颜色，当你点击后，就会在点击的地方出现一个十字线，选中的颜色的样板就会出现在对话框底部的附近，如图5.30所示。

4. 在对话框右侧稍远一点的地方，有一条薄薄的色带，在这条色带的旁边还有一个黑色的三角形。点击这个三角形，将它向上或向下拖动来调整你所选中的颜色的亮度。一个颜色样板会再一次地出现在对话框的底部。

5. 当你选好你所要的颜色后，点击OK键将这个颜色加载。

用滴管工具（Eyedropper tool）选择颜色

另外一个选择颜色的智能工具是滴管工具。这个工具可以为你在场景舞台区的任何一个物体选择颜色。如果你将照片导入到你的场景舞台区上，这个滴管工具是极其有用的——你可以利用滴管工具将照片中的颜色选中来作为物体的填充色。当你用滴管工具选择颜色后，它就会自动变成油漆桶工具（Paint bucket tool）或者是墨水瓶工具（Ink bottle tool），这样一来，根据你所点击的位置，就可以将颜色涂到物体上了。以下是具体操作步骤：

1. 在场景舞台区上制做两个图形，每个图形的外框线和填充部分的颜色都各不相同，如图5.31所示。（我所画的是椭圆形，但是你可以随意画任何图形，甚至用一张照片都可以。）

2. 点击滴管工具。

混色器（Color mixer）

按下Shift+F9键盘快捷键，这样就可以在你的屏幕的边上打开一个调色板了。这个调色板叫做混色器，它的作用和颜色对话框差不多。混色器的优点在于它可以一直出现在屏幕的边上，这样你就可以更方便的使用它了。

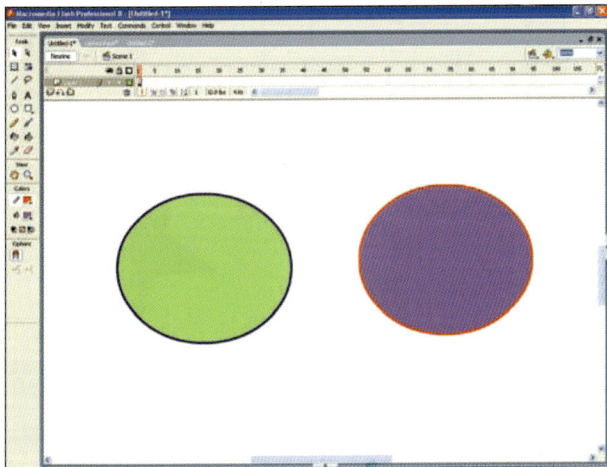

图5.31 制做两个图形，每一个图形的外框线和填充部分的颜色都各不相同。

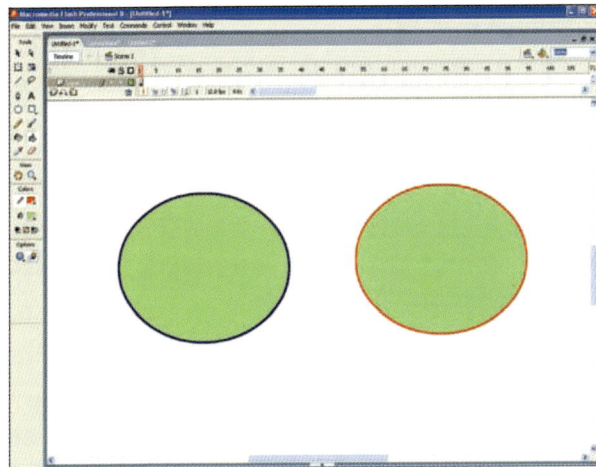

图5.32 滴管工具在你点击鼠标选好填充颜色后会立即变成油漆桶工具。

3. 点击位于左边的椭圆形的中间位置一次。这时鼠标指针将会从滴管工具变为油漆桶工具，而你所选择的颜色将被加载。

4. 点击右边的这个椭圆形，填充部分将会被上色（见图5.32）。

5. 再次点击滴管工具，但是这一次点击右边的椭圆形的外框线。这时外框线的颜色将成为加载色。但是这一回滴管工具将会变成墨水瓶工具，这个工具可以被用来给物体的外框线上色。

6. 点击左边的椭圆形（你可以随便点击这个椭圆形的任何部分，除了外框线）。这样加载色就会被应用了（见图5.33）。

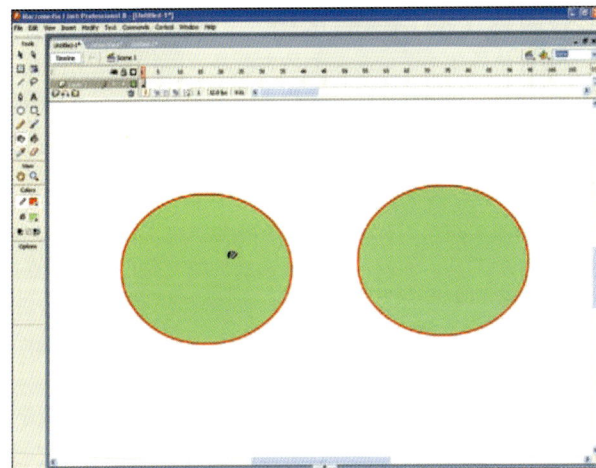

图5.33 当某个外框线颜色被选中时，滴管工具就会变成墨水瓶工具。

将角色保存以便再次利用

设想一下你已经为你的动画制作了一个主要角色——比如你刚才制作的那个卡通脸。你很有可能会再一次用到这个角色。为了不用每次在需要的时候再制作它们，Flash允许你将这些角色以元件（Symbol）的方式保存起来，这样你就可以重复利用它们了。你可以建立起一个能容纳所有不同元件的库(Library)，这样在动画里就能重复利用它们了。

1. 选中你想重复使用的物体。

2. 按下F8键来打开转化为元件对话框（Convert to Symbol dialogue box）。

3. 在对话框里为你保存的物体起个名字，并确定打开了图形选项按钮（Graphic option），如图5.49所示。

4. 点击OK按钮。你的这个元件就已经被保存进库里了。

5. 如果库被关闭了，按下Ctrl+L快捷键来将它打开。

6. 在库里你会看到你添加进去的所有图形。你可以点击库里的任何一个元件并将其拖动到场景舞台区上，如图5.50所示。

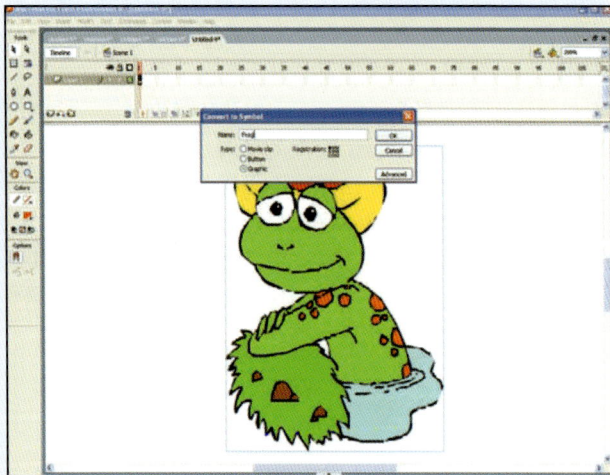

图5.49 在转换为元件对话框中，你可以为你的元件起名字或分类。

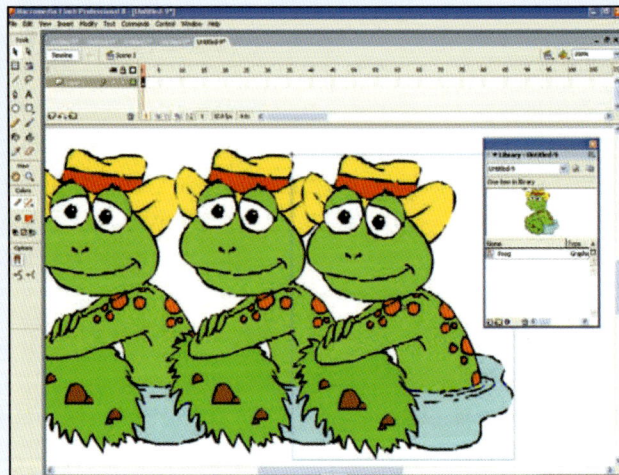

图5.50 你可以点击这些元件，并将它们从库里拖动到场景舞台区上。

渐变色填充的使用

除了可以为物体填充单色，Flash还可以教你制作叫做渐变色的多重颜色。渐变色可以使得物体看起来更加真实，因为它们可以创造出明暗的感觉来。有两种渐变色的填色类型：一种是放射渐变填充，它们是以圆线的形式被应用；另一种是线性渐变填充，也就是以一条直线的形式被应用。除了可以选择渐变色填充的类型，你还可以改变颜色的数量和它们的方向。

渐变色填充的操作方法

渐变色填充的操作方法和单色填充的操作方法非常类似。你只需选择几个预先设置的渐变色选项就可以了。

1. 点击填充色按钮。在出现的颜色调色板的底部，你会看到一些预先设置的渐变色选项，如图5.51所示。随意点击一个选项。

2. 选择一个形状工具——比如椭圆形工具——接着在场景舞台区上点击并拖动鼠标来制作出这个图形。你所选中的渐变色将会把这个图形的填充部分填充起来，如图5.52所示。

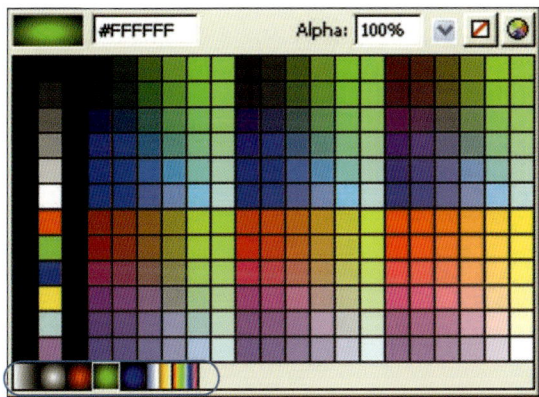

图5.51 在颜色样板的下面随意选择一种渐变色选项。

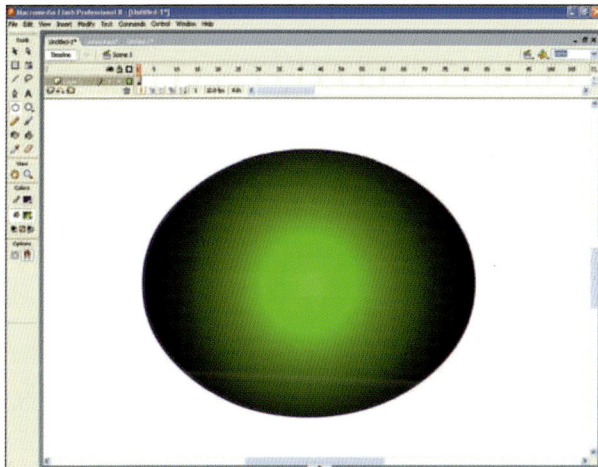

图5.52 所选中的渐变色将会出现在这个图形的填充区。

改变渐变色的类型

两种渐变色类型都有预先设置——放射渐变和线性渐变——当你点击填充色按钮时就会出现在颜色调色板里。如果你不小心选择了错误的渐变色填充类型，你可以使用混色器（按下Shift+F9快捷键来将其打开）来改变渐变色的类型，如图5.53所示(这个图同时也说明了放射渐变填色和线性渐变填色的区别)。或者，你也可以选中物体后，从颜色填充样板里选择一个新的渐变色填充类型。

渐变色填充不仅可以用来填充物体的颜色，它们也可以被应用于笔触颜色的填充。只要在应用渐变色之前选中笔触（也就是外框线）即可。

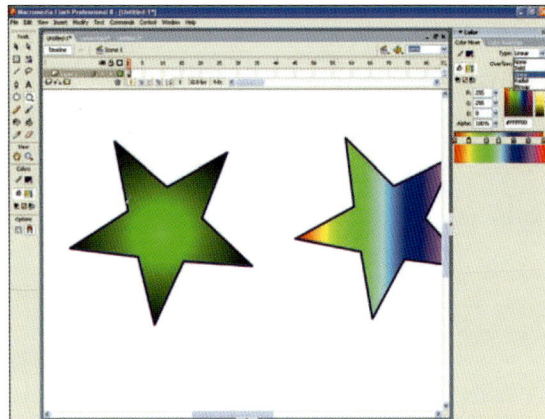

图5.53 左边的五角星是采用放射渐变色填充类型，而右边的五角星则采用的是线性渐变色填充类型。混色器允许你改变渐变色的填充类型。

渐变色颜色的改变

Flash只提供了几项关于渐变色颜色的预先设置，但是这也没有关系，因为使用混色器就可以制作出你想要的渐变颜色。

1. 首先选中一个已经被渐变色填充了的图形。
2. 如果混色器还没有被启动，点击Shift+F9键将它打开。
3. 注意观察在混色器里的那条窄的水平栏，在它的下面是渐变色里的所有颜色的小样板。将这些颜色中的一个向左或是向右拖动来重新放置它，注意当你在拖动这些颜色样板时，你图形里的颜色是怎样被改变的（见图5.54）。
4. 要想给渐变色添加一种颜色，将鼠标指针放在混色器里的那条窄的水平栏下面的空白处（当鼠标指针的旁边出现一个加号时就说明你已经找对了地方）。点击一次鼠标按钮，一个颜色就会被添加在这个地方了（见图5.55）。
5. 要改变渐变色里的某个颜色，点击你想要改变的渐变色中的颜色样板，接着点击大方框里的任一种颜色，这个大方框位于混色器里的RGB区域的旁边或者在R、G和B区分别输入这个颜色的红色值，绿色值和蓝色值。渐变色里的颜色就会变成你所设置的这个颜色了。

用梯度变换工具（Gradient transform tool）修改渐变色

到目前为止，你已经学习了如何选择、应用和改变你的渐变色填充颜色了。如果你对改变一个渐变色填充的位置，将其旋转、压缩或是扩展感兴趣的话，那么你就要使用梯度变换工具了。

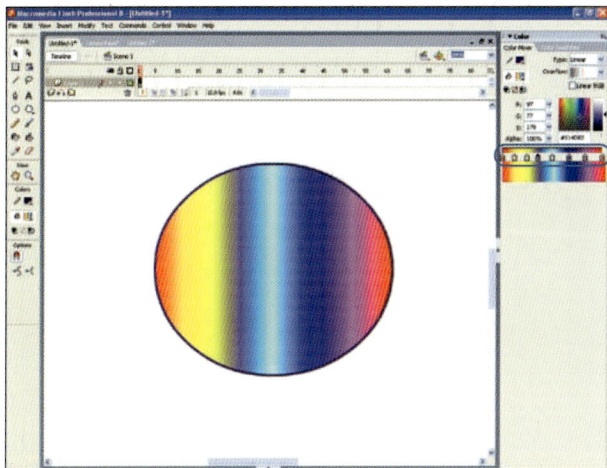

图5.54 当你在混色器里移动颜色样板的时候，图形里的颜色也会发生改变。

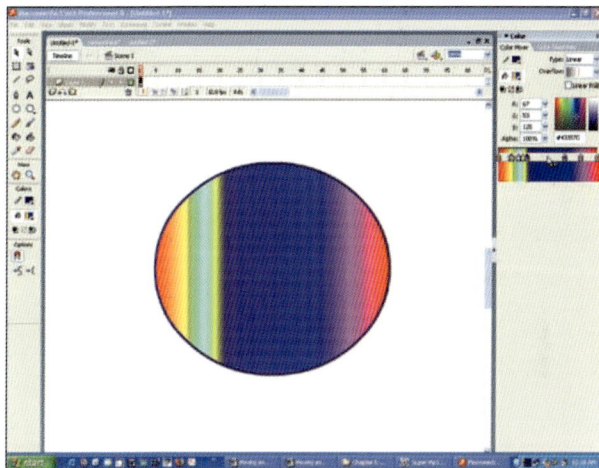

图5.55 点击位于那条窄的颜色线下边的空白处来给渐变色添加颜色。

1. 选择梯度变换工具。

2. 用渐变色填充点击任意一个图形。你会观察到你的图形里发生的一些变化。首先，在渐变色周围会出现两条蓝色的线，在其中一条线上附有一个小方块。在一条线的上方，你会看到有一个带有小箭头的圆圈附在上面。最后，在渐变色中间你会看到一个白色的圆圈。

3. 将鼠标指针放到小方块的上面，点击它，并将它向内或者向外拖动，这样就可以压缩或是扩大颜色的填充部分了，如图5.56所示。

4. 将鼠标指针放到渐变色中间的这个白色的圆圈上，点击并拖动这个圆圈，来改变你的颜色填充部分的中心点，如图5.57所示。

5. 将鼠标指针放到一条蓝线上的小圆圈的上面，点击并拖动这个圆圈就可以旋转填充色部分了，如图5.58所示。

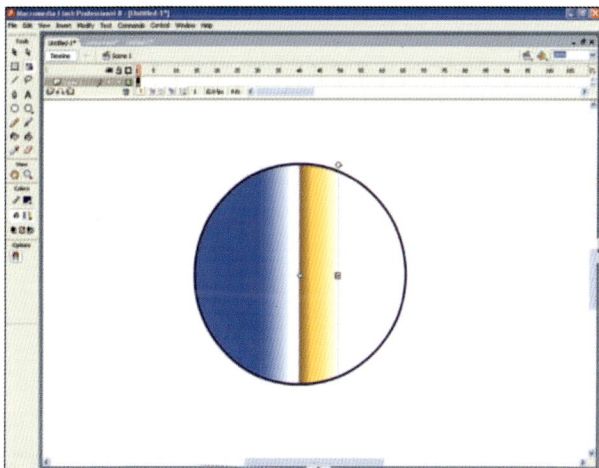

图5.56 当你向内或向外拖动这个小方块时，就可以压缩或者是扩大这个颜色的填充部分了。

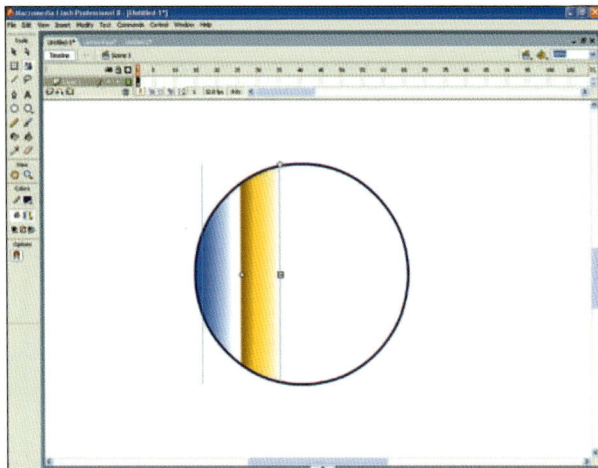

图5.57 通过点击并且拖动这个渐变色填充部分里的小白圆圈，你就可以改变渐变色的中心点的位置了。

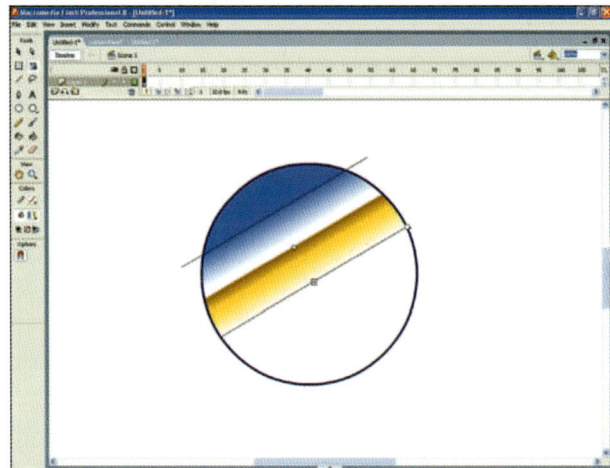

图5.58 你可以在填充区域内旋转渐变色的位置。

实例练习

试着模仿图5.59来制作一个圆圈的填色练习。在开始的时候，这个圆圈是一个红白圆形渐变色，渐变色的中心点位于左上方的位置上。

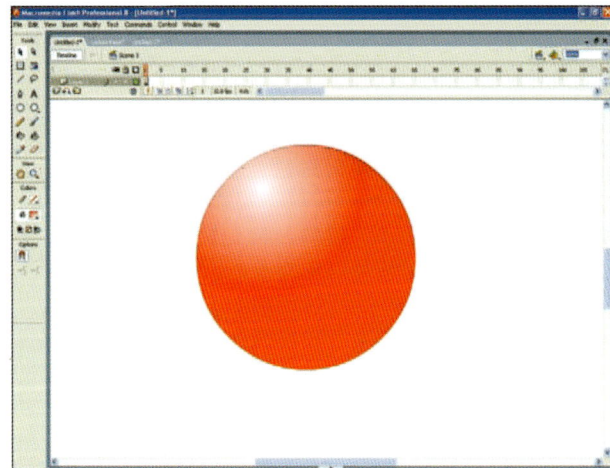

图5.59 试着通过应用放射渐变填色类型来制作出这个3D效果的球体。

如果你不能将它制作出来，那么根据以下步骤进行操作：

1. 在工具面板的颜色区里，将外框线颜色选择为无外框线，接着选择黑色和红色放射渐变填色类型的预先设置（见图5.60）。

2. 从工具面板中选取椭圆形工具。

3. 在按下Shift键的同时，在场景舞台区上点击并拖动鼠标来制作出一个圆形。当你松开鼠标按钮时，这个圆圈将会呈现出红黑渐变的放射渐变色，如图5.61所示。

4. 用选择工具来将这个圆圈选中。

5. 按下Shift+F9键盘快捷键将混色器打开，使用混色器将黑色改为白色，将白色变为红色。

6. 点击并选中混色器里的红色样板色。

7. 在R，G和B框中输入255。

8. 点击黑色样板色。

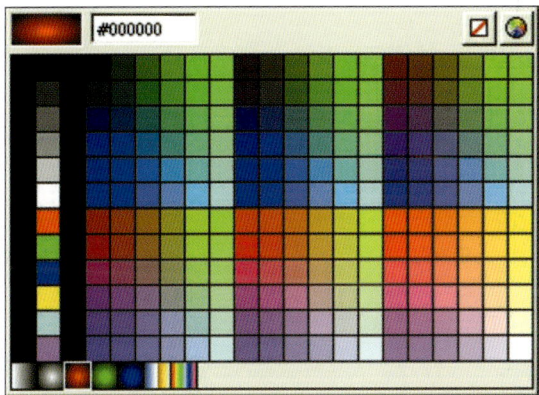

图5.60 将放射渐变填充的颜色预先设置选择为黑色和红色。

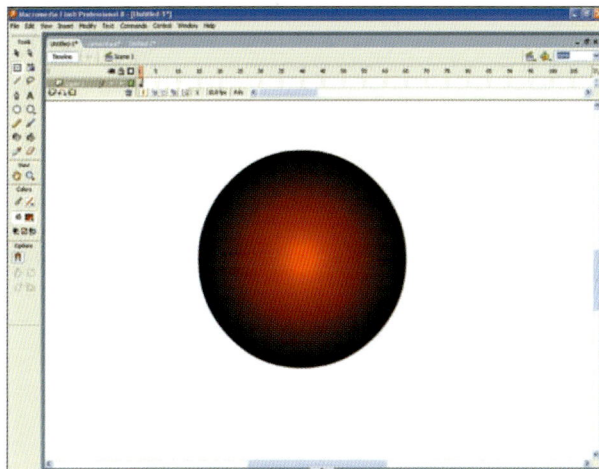

图5.61 你制作的这个圆形应该是黑红放射渐变填充类型。

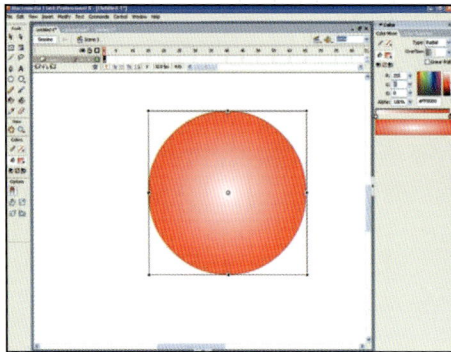

图5.62 现在你已经制作出了一个有着白色中心的红色圆圈。

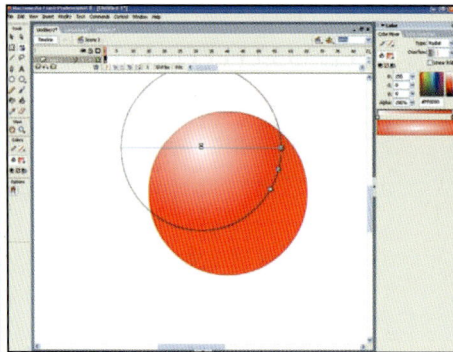

图5.63 当你将填充部分的中心移动到左上方的位置后，你就完成了这个图的制作。

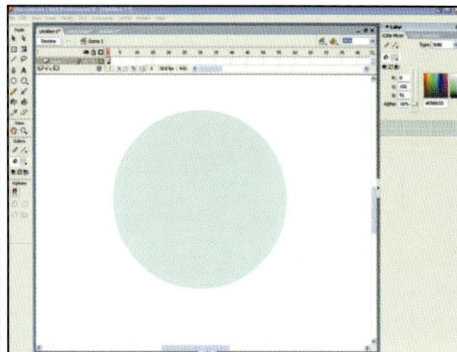

图5.64 向上或者向下拖动这个滑动条，这样就可以改变物体的透明度水平了。

9. 在R框内输入255，分别在G框和B框中输入0。这样你就制作出了一个如图5.62所示的红白渐变色填充的圆圈。

10. 将填充部分的中心点移动到左上角处，点击梯度变换工具，将鼠标指针放置在这个圆圈中间的小白圈上。接着点击并拖动这个中心点到左上方的位置上去，如图5.63所示。这样你就做成了！

透明度

在Flash世界里，透明度——或者说如何"看穿"一个物体——被称作阿尔法（Alpha）。你可以通过这个功能来制作出物体可以淡入和淡出的动画来。你可以通过混色器调整阿尔法系数。

1. 随意制作并选中某个类型的图形。

2. 如果混色器还没有启动，按下Shift+F9快捷键将它打开。

3. 点击阿尔法下拉箭头来打开一个滑动条。

4. 将这个滑动条向上或者向下拖动，这样就可以调整阿尔法系数了。这个系数越接近0，你就越能够清晰地"看穿"这个物体，如图5.64所示。

专 家 文 档

名字：伊万·斯皮里德利斯
工作单位：JibJab媒体公司
网址：http://www.jibjab.com

你是如何学习动画的？ 我去邦诺书店（Barnes and Noble）买了一本二十美元的书，书名是《核桃》（PEACH PIT）。我还额外上了一些辅助的课程。

你是如何开始运用Flash的？ 1997到1998年间，当我的兄弟将互联网介绍给我时，我正在用真人单格动画技术（stop-motion photography）来测试提高我的技术水平。这真的是非常基础的，但是当我们观看了约翰·克里克法鲁斯——Ren and Stimpy的制作者——所做的超过56K调制解调器的片子时，我又看到了机会。之前从来没有过几个制作者可以将他们的作品推广给遍及全球的观众却没有遭到主流媒体的批评和干涉。我决定学习Flash，这是由于Flash是唯一可以将我们的成果在网上散播的可行工具。

你最常使用的功能和工具是什么？ Flash中最好用的就是故事板和时间轴。向左或者向右移动一个关键帧就会造成一个故事有趣还是无趣之间的本质不同。此外，我也会用油漆刷和线形工具来绘制Flash。

你最喜欢Flash的哪一点？ Flash最让我喜欢的地方是我可以看到一个东西从开始的粗糙简单变为最后精雕细琢的成品的整个过程，而这些都发生在同一个场景舞台区里。传统的动画制作过程却是将一件成品的所有不同方面都拆分成相互分离的部分。我觉得让制作者或者编导动手参与制作的整个过程会使最终的作品更加完美。由于动画制作的确是一个能够充分亲手参与的过程，这也就意味着直到最后一秒前你都可以持续不停地修改和完善你的作品。

是什么将你的动画与别的动画区别开来？ 这是个不错的问题……我唯一能想到的就是我们真的不要在意别人在做什么。我们所要做的就是不停地超越自己，提高我们的作品质量。每制作一部动画都是一个学习的过程，并且我们还要一直寻找挑战自己的方式。

创作出一部好动画的诀窍是什么？ 如果说制作出一部好动画有什么诀窍的话，那就是要学习如何绘画。所谓学习绘画，就是要善于观察周围的世界，对老艺术家的作品学习研究（参看《对生活的幻想》），还要对你自己所要制作的作品充满激情，接下来再去学习画一些别的东西！

有什么可以和读者分享的关于Flash使用的小建议吗？ 如做好任何事情的基础都是要花费时间来做，Flash也不例外。

有没有关于动画制作的小建议和读者分享？ 绘画，绘画，不停地绘画。看一看那些经典的动画电影，然后拿起笔来继续画。

你对那些开始学习Flash动画制作的青少年们有什么别的建议吗？ 关于动画制作我所能给予的其他建议就是要有一定的思想。当我上大学的时候，曾有一位老师教导我要阅读一切——报纸、动画书、经典文学作品、使用说明书等等一切可以阅读的东西!你所获得的信息越多，你可以说的东西也就越多，你所持有的观点也就会越有说服力。一部好的动画无异于一个好的故事，而这一切都要归结于交流的能力。

例子

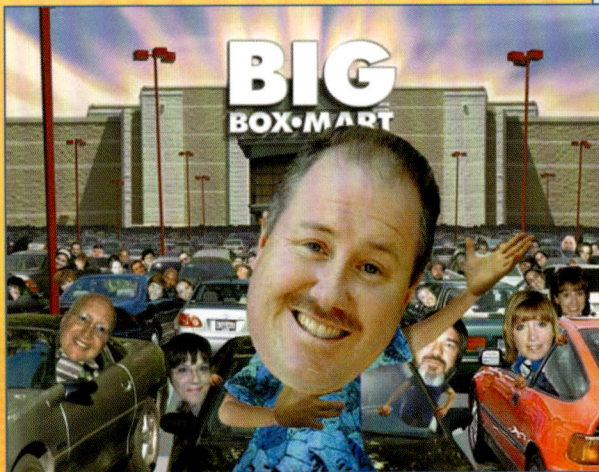

第六章
图层的应用

你曾见过传统的连环画的制作过程吗？连环画的各个不同的组成部分，也称作蜂窝层(Cells)，被画到一张张洁净的纸面上，一层摞一层，最终组成完整的漫画故事。例如：漫画的背景被单独画在一个图层上，各个不同的人物形象也被画在专有的图层上，这就表明它们分别属于不同的物体。在动画的制作过程中，图层的使用原理就如同被用于传统的漫画中的蜂窝层一样，你想要多少个图层，你就能够制作出多少，这些图层就如同透明的纸张一般，你可以在上面随意绘制你想要的物体。然后，将它们一层摞一层，其形状就像制作传统连环漫画的蜂窝层一样。由于这些图层是透明的，所以，在你盯着场景舞台区看的时候，它们就浑然一体了。

在制作动画的时候使用图层有几大优势，其中最为重要的一点是：它们能清晰地帮你保存下动画中的所有物体。其次，利用图层的另一大优势是：集中在不同图层上的物体之间互不影响。当你将某一图层上的一个物体移动到另一图层的某一物体之上时，你仍然可以同时选中这两个物体，因为它们分别位于不同的图层上。因此，你应该养成这样一个习惯：在你制作动画的过程中，为里面的不同种类的物体分别创建其各自的图层。例如：每个角色应该设在不同的图层上，背景画面应该设在一个图层上，而注释和声音则应该在另外的图层上。

图层的创建及命名(Creating and naming layers)

你可以在时间轴里找到图层，根据系统中的默认设置，有一个图层是事先设置好的，但实际上在制作动画的过程中，需要多少个图层都是可以创建出来的。创建图层非常简单，就如同点击按钮一样。在你创建完一个图层之后，你应该给它命名，这样，你就能够很便捷地将其保存下来以便查找。

1. 开始时，在场景舞台区上画一个圆，你可以使用填充色工具，但是不要使用笔触颜色工具。所创建的图形就被设置在了第一个图层上，并且第一个图层将作为系统的默认图层（Default layer）。
2. 点击位于时间轴图层区(Timeline's layers area)的左下角的新建图层(New layer)按钮（见图6.1），这时，第二个图层出现了，选中它。
3. 画一个矩形，你可以使用填充色工具，但不要使用外框线颜色工具(Outline color). 这样，这个矩形就会出现在第二个图层上，因为刚才你已经选中了第二个图层。
4. 用选择工具点击刚才所画的那个圆，然后再观察时间轴上的图层区(Layers area)，你会发现第一个图层已经被选中，因为那个圆正好位于这个图层之上。紧接着，再点击那个矩形，这时，第二个图层被选中。
5. 使用选择工具点击上面的矩形，拖动它，让矩形和圆有一部分重叠，如图6.2所示。

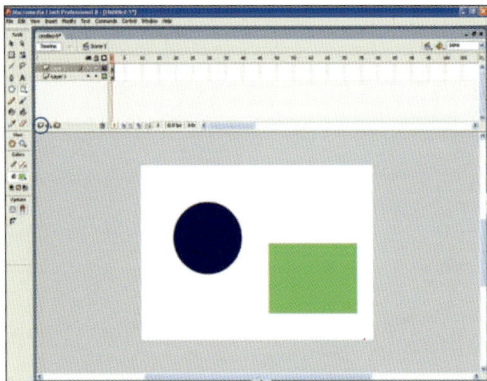

图6.1 点击新建图层按钮以创建新图层。

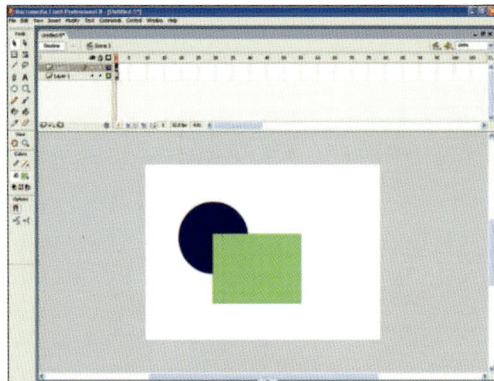

图6.2 拖动矩形，使其和圆有一部分的重叠。

6. 点击圆并将其拖到场景舞台区上的另外一个位置，你会发现：尽管矩形在其上方，你仍然可以选中它，因为这个圆是单独位于一个图层上的（见图6.3）。

7. 双击位于时间轴上的第一个命名图层(Name layer)后，在图层名称周围会出现一个框，而且该图层会被标出来，这时，你就可以为这个图层输入新的名称了。就我们所举的例子来说，可以将这个图层命名为"圆"，因为该图层上有一个圆（见图6.4）。

8. 对于第二个图层来说，重复上面的步骤7，并将其命名为"矩形"。将你所创建的图层一一命名是一个明智之举，因为命名后，日后你就可以轻而易举地找到它了。

运动图层(Moving layers)

在前面的操作中，当你将矩形移动到圆上时，你可能已经注意到矩形已经位居最上层了。这是因为在时间轴的图层区(Layers area)中，矩形图层位于圆的图层之上。通过变换图层的顺序，你可以决定场景舞台区中物体出现的先后顺序。

1. 如果你不小心删除了在上一部分中制作出的圆和矩形，可以返回去，在各自的图层中重新制作它们。然后，将矩形定位在圆之上，如图6.5所示。

2. 在图层区点击圆的图层，这时，该图层就会呈现被选中的状态。

3. 将场景舞台区图像上的鼠标指针定位到图层名称(Layer name)的左侧，点击它并将其向上拖。在你拖动的过程中，会出现一条细小的线，这表明，这个图层被移到了新的位置上。当这条线停在矩形的图层上方时，松开鼠标。此时，在图层区，圆的图层位于矩形的图层之上，而场景舞台区上的圆也将随之位居矩形之上（见图6.6）。

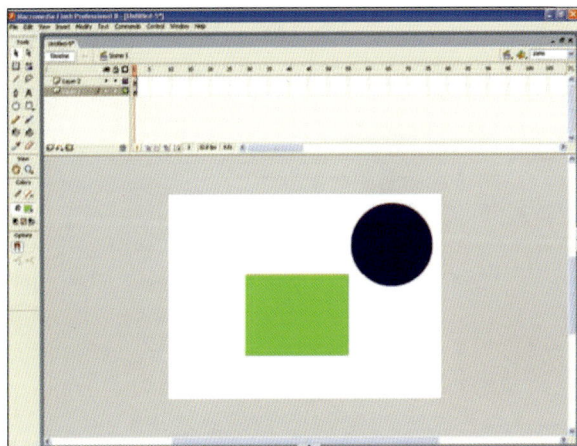

图6.3 你可以选中并移动这个圆，因为它处于一个独立的图层上。

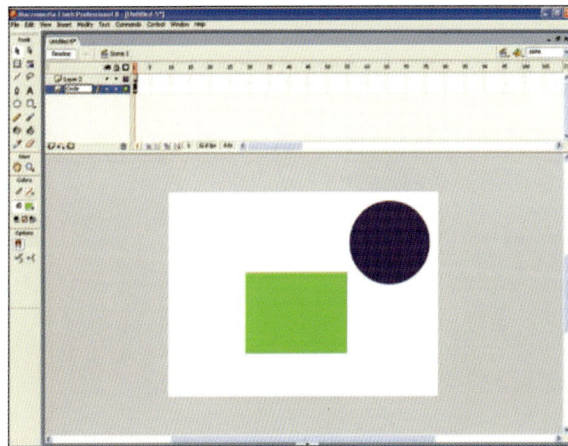

图6.4 双击一个图层名，然后输入你为它起的新名。

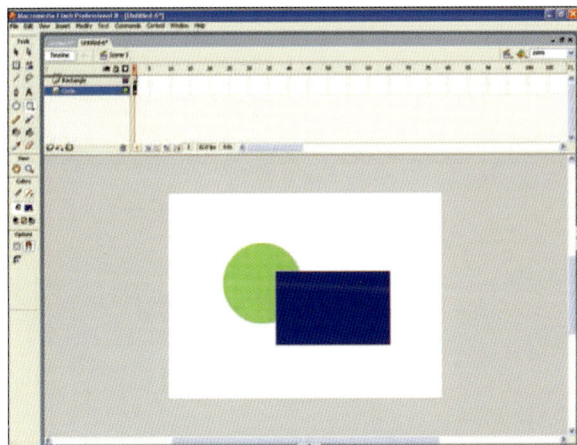

图6.5 将矩形的位置定位在圆之上。

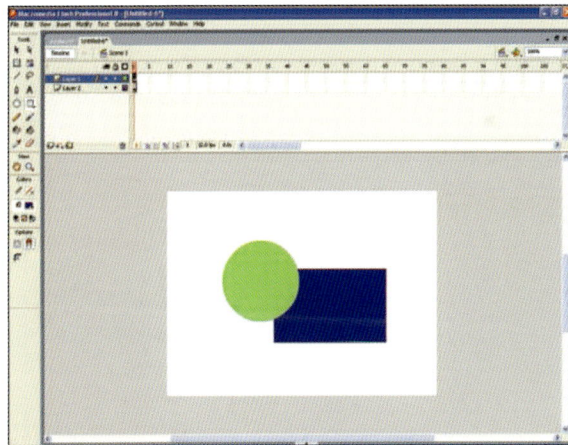

图6.6 在图层区，当你将一个图层放在另一个图层之上时，相应地，场景舞台区中位于该层的物体也将随之被排到另一个图层的所有物体之上。

探寻图层的特征(Exploring layer features)

如果你看一下图层名称的右边，你会发现几个小图标——比较典型的有一支铅笔、几个圆以及一个装着各种各样颜色的盒子。这些图标或是表明制作图层可以用的工具，或是能够帮助你巧妙处理图层的方式方法，比如说，你可以用这些图标来隐藏图层、锁定图层或是将填充物隐藏在一个图层之中。下面我们来分别看这些图标是如何操作的：

1. 在时间轴的图层区(Layers area)，点击一个图层以将其选中。（当你选中一个图层时，最好在图层左下角处点击场景舞台区上的图标，这样做是为了防止你不小心的操作破坏了图层。）一旦图层被选中，其上的所有物体也将被选中，这时候，你能够看到在图层名称的右侧有一个铅笔的图标，如图6.7所示。这个铅笔图标表明你可以在该图层上绘画或修改该图层上的物体。

2. 点击位于铅笔图标右侧其形状为一个小圆点的隐藏图层(Hide layer)的按钮，以将你所制作的图层的内容隐藏起来。这时候，你会发现刚才的那个小圆点已经转变为一个红色的"×"的形状，同时，透过铅笔图标会出现一条红色的线条，它表明现在不能对该图层进行编辑，因为它已经被隐藏起来了（见图6.8）。

3. 如果你不想隐藏该图层，就点击那个红色的"×"。

4. 点击形状同样为一个小圆点的锁键(Lock button)，它位于时间轴里图层区的颜色盒的左侧，这样就将该图层锁住了。此时，小圆点转变为一个很小的锁状的图标(Lock icon)，同样，透过铅笔的图标又将出现一条红色的线条，如图6.9所示。当一个图层被锁定之后，你就不能再对它做任何的改变了，也就是说，你就不能再对该图层上的物体进行选择或是编辑了。如果你不想意外地移动或是删除该图层上的物体，这个图标就会显得格外有用。

5. 要想为该图层解锁，你只需点击一下锁状的图标。

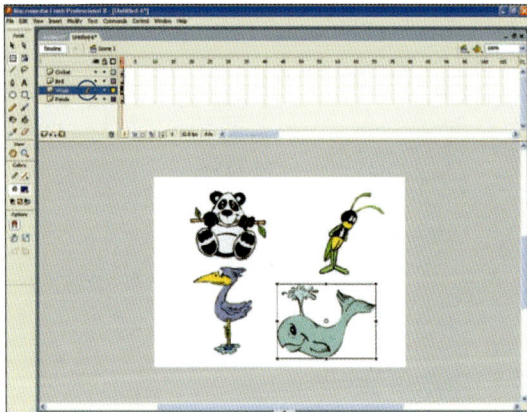

图6.7 注意位于图层名称旁边的形状为铅笔的图标，它表明该图层是可以编辑的。

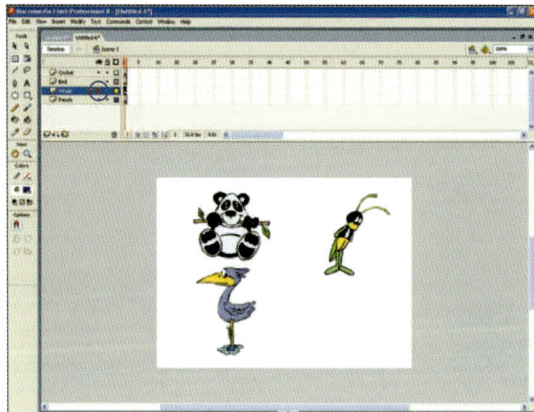

图6.8 红色的"×"表明该图层是隐藏着的。

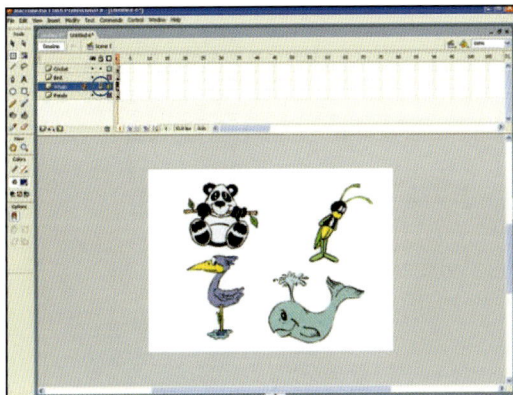

图6.9 锁状的图标(Lock icon)表明该图层是锁定着的、现在不能被编辑。

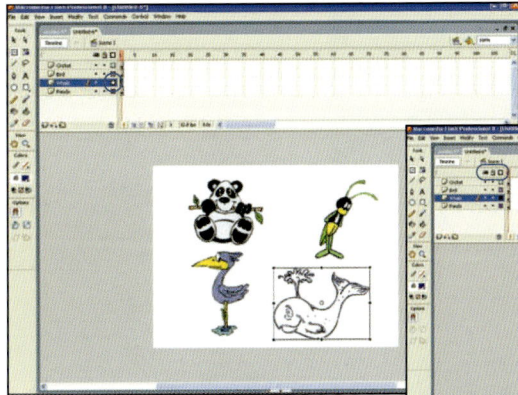

图6.10 通过移走该图层的填充物，你可以看到位于其下方的图层上的所有的物体。

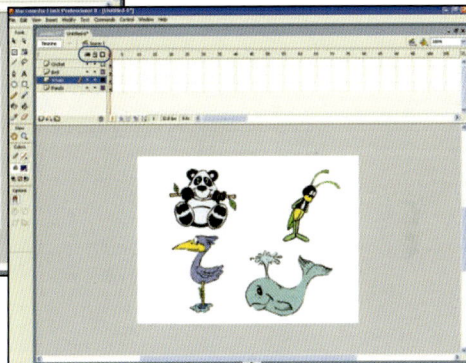

图6.11 你可以点击这些图标以立刻隐藏、锁定或是移走所有图层上的填充物。

6. 点击位于锁键(Lock button)右侧的颜色盒（Colored box），如图6.10所示。这时该图层上所有的填充物都消失了。如果在你所制作的图层上有很多的物体而且你很想看一看位于其下方的图层上的内容的时候，这个图标是大有帮助的。

7. 你只需点击一下刚才的那个颜色盒图标，所有消失的填充物就会重现了。

> 要想将一个物体移动到另一个不同的图层上，首先要选中该物体并通过Ctrl+X快捷键剪切该物体，接下来，点击你想要放置该物体的图层再通过Ctrl+V快捷键将该物体粘贴在这个图层上。

8. 在图层区(Layers area)的最上方，你会发现三个图标，它们分别是：一只眼睛、一把锁以及一个正方形轮廓，如图6.11所示。点击眼睛状的图标以将所有的图层都隐藏在场景舞台区中。要想显示这些图层，只需再点击一下眼睛状的图标就行了。

9. 点击锁状的图标(Lock icon)以将场景舞台区上的所有图层都锁住。要想为这些图层解锁，只需再点击一下锁状的图标就行了。

10. 点击正方形轮廓以隐藏场景舞台区中所有图层上的物体的填充物。只需再点击一下正方形轮廓，消失的填充物就会重现了。

删除图层(Removing layers)

如果一个图层对你已经没有用的时候，你可以在图层区(Layers area)选中该图层并将其删除，然后在调色板(Palette)的底部点击垃圾图标(Trash icon)，如图6.12所示。当你点击该垃圾图标的时候，你所选中的图层及该图层上的所有的物体都将被删除。这时，它不会给你任何的提醒，所以，在点击该键的时候要格外小心。

将图层在文件夹中井然有序地整理好(Organizing your layers in folders)

正如通过借助图层可以让你在制作动画的过程中将所有物体安排得井然有序那样，你也可以通过使用文件夹(Folders)来使你的图层变得井然有序。使用图层文件夹(Layer folders)，你可以将相关联的图层放到一块——在你需要保存大量的图层时，这点非常有用。一旦你将一个或是多个图层放到一个文件夹中，你可以根据自己的需要，将该文件夹扩大或是隐藏起来。以下就是其操作步骤：

1. 创建几个具有不同名称的图层，就如同你在图6.13所见到的那样。

2. 双击插入图层文件夹(Insert layer folder)的按钮以在图层区(Layers area)制作出两个文件夹，一个命名为"文件夹 (1)"，另一个为"文件夹 (2)"。如图6.14所示，你也可以重新为这些文件夹命名，就如同你可以为图层重新命名一样。

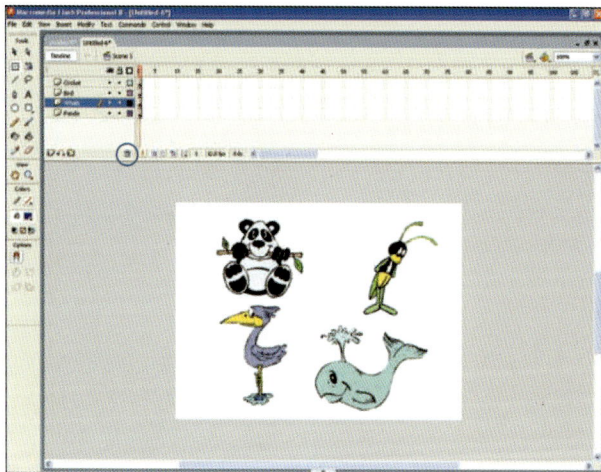

图6.12　点击删除图层(Delete layer)键就可将所选中的图层及其所包含的全部内容都删除掉。

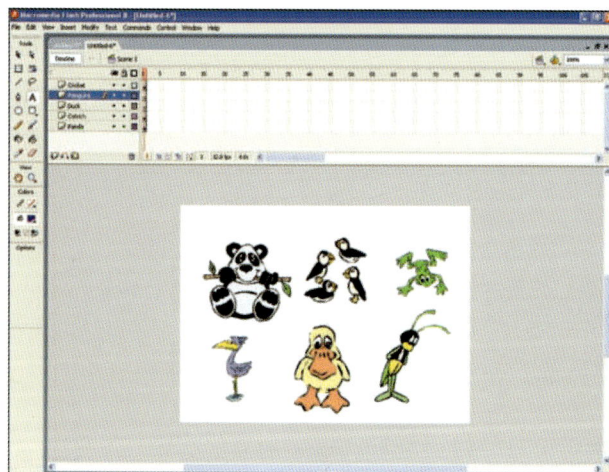

图6.13　制作出几个图层并将其放进图层文件夹(Layer folders)内。

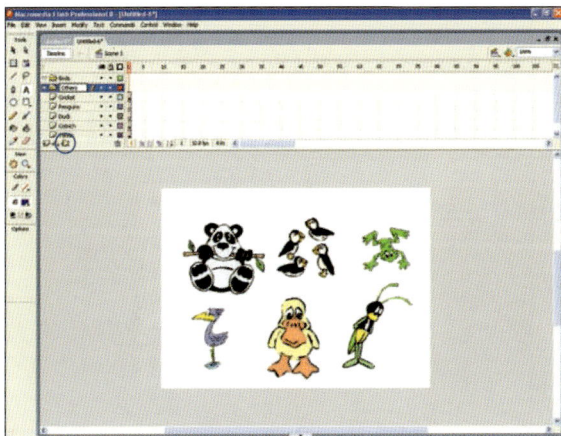

图6.14 当你创建新的图层文件夹 (Layer folders) 时，系统会给你的文件夹默认命名，比如，文件夹（1）、文件夹（2）等等。你可以通过双击文件夹的名称输入一个新名。

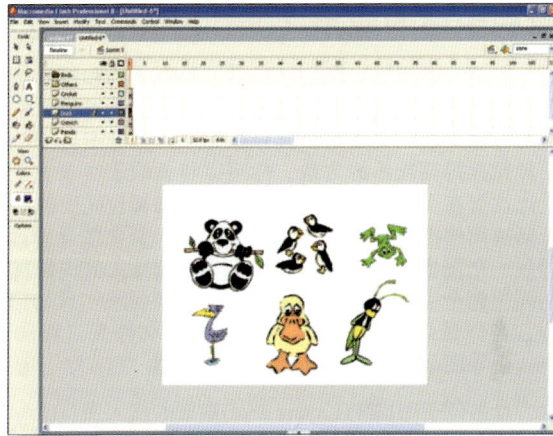

图6.15 在这里，我将鸭子所在的图层移到鸟的文件夹里。请留意在该图层被移到鸟的文件夹时，该文件夹图标的颜色是如何变暗的。

3. 将鼠标指针放在位于图层旁边的场景舞台区图标（Page icon）上，这个图层就是你想要将其放进文件夹的图层，点击并将该图层拖到你所心仪的文件夹内。如图6.15所示，当你的鼠标指针放在文件夹的图标上时，该文件夹就会被选中；这时，将鼠标松开，该图层就装进文件夹内了。重复上面的步骤，将你所有的图层都放进你所创建的一个或多个文件夹内。

4. 就在文件夹图标的左侧，你能看到一个倒三角形图标，如图6.16所示。这表明该文件夹是打开的——即你可以看到里面所有的图层。如果你点击这个三角形，该文件夹里的内容就看不见了，但你仍可以在场景舞台区上看到里面的图层。如果你再点击一下这个三角形，该文件夹就又会显示里面的所有内容。

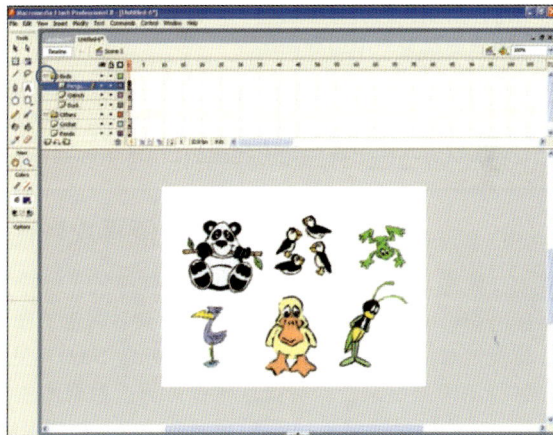

> 将一个图层从一个文件夹里移走，你只需点击该层并将其从文件夹里拖到位于文件夹外图层区的任意的一个位置上即可。

图6.16 你可以通过点击位于文件夹名称旁边的三角形图标来打开或隐藏一个文件夹里的内容。

你所制作的每一个图层都有它自己的一系列的帧，这就是说你可以在不同的图层上使其上面的物体动起来。比如说，你可以在一个特别的图层上创建一个关键帧。这个关键帧将会应用到那个图层上的所有物体，但不会影响到其他图层上的物体。好了，理论部分就讲这么多，我们进入实践环节吧。

帧并帧的动画(Frame-by-frame animations)制作

在帧并帧的动画(Frame-by-frame animation)中，你可以调整每一个帧上的物体的动画形态，比如它们的位置、大小以及颜色。要想做到这些，你首先要在第一个帧上创作一个物体（它将是第一个关键帧），然后在其他的帧上改变该物体的形态。

1. 在制作这个动画片时，你先设计一个圆球，即一个带有放射渐变填充色的圆。在创建这个圆之前，要选中在工具控制板(Tools panel)上的物体绘画选项(Object drawing option)。在图7.1中，我在创建圆球的同时也给它设计了背景。

2. 留意一下位于时间轴的第一个帧上的小圆点，该圆点表明这个帧是关键帧，因为我们要在这个帧上创建物体。这时，将你的鼠标指针放在时间轴上的第二个帧的位置上并立即点击一下。这样第二个帧就会被标出来并呈蓝色，如图7.2所示。

> 如果你不记得如何创建一个带有放射渐变填充色的圆，请参考第五章，即"物体的变形和填充"。

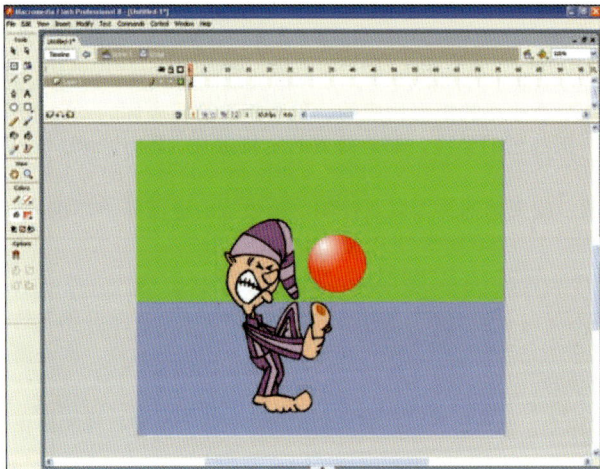

图7.1 通过制作一个带有放射性渐变填充色的圆来创建一个圆球。

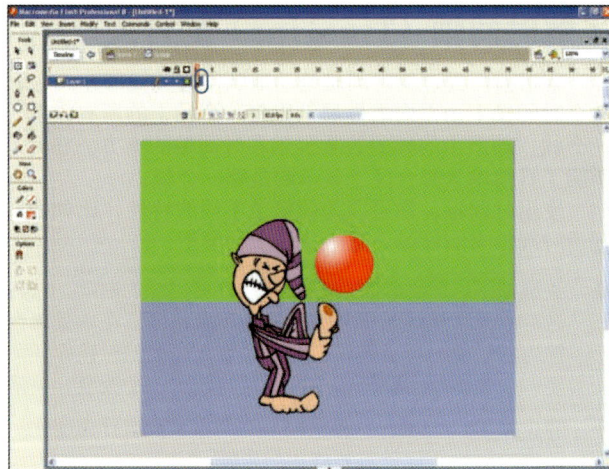

图7.2 当你在时间轴里点击一个帧时，这个帧就会被标出来。

3. 右击第二个帧并从弹出的菜单中选中插入关键帧(Insert keyframe)图标，如图7.3所示。这时第二个帧就被选中了，同时，第一个帧上的所有物体都被复制到第二个帧上了。

4. 现在，刚才所画的球和你所填充的所有背景内容都同时出现在第一个帧和第二个帧上，并且都同处一个位置。因为此时第二个帧是关键帧，你就可以在该帧上变换球的位置，而不会影响它在第一个帧上的位置。然后，借助于选择工具(Selection tool)，将第二个帧上的球移到稍微偏右的位置上，如图7.4所示。

5. 点击回车(Enter)或者返回键(Return key)以播放你所制作的动画。你会发现球迅速地从左向右移。哇！你所制作的第一个帧并帧动画成功了！不是很难吧，那我们就在接下来的三个帧中分别重复前面的第4个步骤，来继续我们的动画制作。都完成的时候，你再回放一下你的杰作，你会发现此时的球会从场景舞台区的一边移动到另一边。

制作多个关键帧*(Multiple keyframes)*

在你刚刚制作的动画中，你只制作了一个关键帧。为了节省时间，你也可以一次制作多个关键帧。在这里，我所使用的范例是一辆车的图像，让它在背景画面上穿行，当然，你可以制作任何你感兴趣的物体来呈现这种效果。

1. 在动画制作中的第一个帧上创建一个图像，然后，关键帧会在该帧上自动生成，因为它是包含该图像的第一个帧。

2. 点击并拖动位于时间轴上的你想要将其转换成关键帧的帧图标。在你松开鼠标的时候，它们就会被标出来，这表示它们已经被选中。

3. 右击任意一个被选中的帧并从弹出的菜单上选择关键帧转换(Convert to keyframes)图标（见图7.5）。所有被选中的帧立刻都变成了关键帧，而你放置在最开始的那个帧上的物体也将被复制到每一个被选中的帧上。

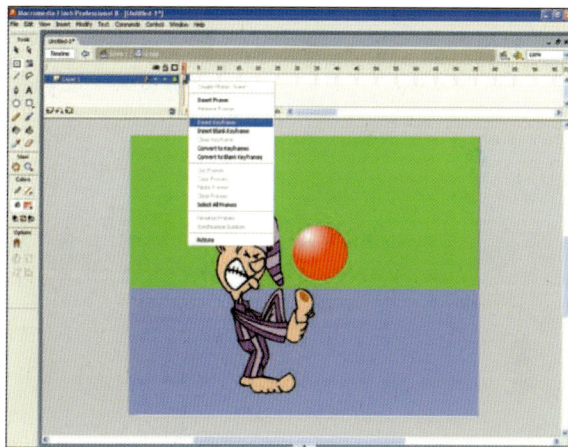

图7.3 在第二个帧上插入一个关键帧。

图7.4 将第二个帧上的球移动到右侧。

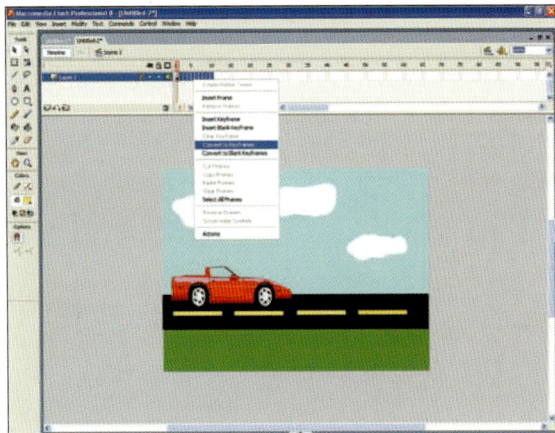

图7.5 在你选择完那些你想要将其转换为关键帧的帧之后，右击它们并选择关键帧转换图标。

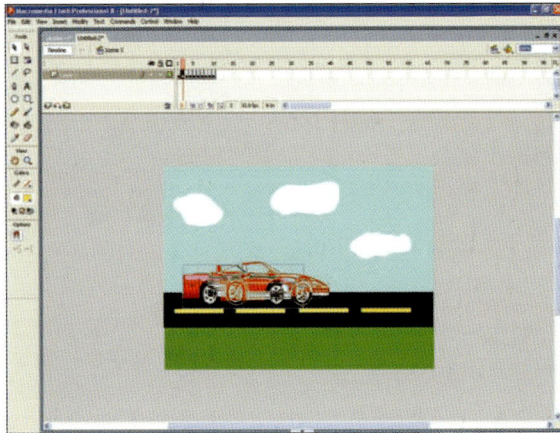

图7.6 通过一次制作多个关键帧，你就可以很快地制作帧并帧动画了。在这儿，你需要将每一个帧上的物体稍微向右侧移一下。

4．点击时间轴上的第二个帧将其选中。

5．在场景舞台区上，移动第二个帧上的物体，也就是移动那辆汽车，把车缓缓地向右侧拖动，如图7.6所示。

6．在下面的所有关键帧中都重复上面的步骤，并将上面的物体依次一点点地向右移动。

7．敲击回车(Enter)或返回键(Return key)来播放你的创作，这时你可以观赏一下你所制作的汽车在屏幕上穿行时的动感。

帧的增加、复制及粘贴(Adding, copying, and pasting frames)

以前，你制作一幅动画时，可以只包含两个帧；而如今，大部分动画虽然不需要几百个帧，也至少要用上几十个帧。在这一部分，你需要制作两只由眼球和瞳孔组成的卡通眼睛，然后，将许多不同的帧组合成一个帧并帧动画来产生瞳孔转动的效果。在这个制作过程中，你将学到如何增加帧的数量以及如何将其复制、粘贴。当你想要在所制作的动画中重复某些动作时，这些是很有用的，有了它们，你就不用再十分费力地重新设计那些动作了。

1．我们先从制作一个新的包含眼球和瞳孔的眼睛的Flash动画开始，如图7.7所示。（我在这里制作了一张完整的面孔，但就这一部分练习来说，你只需要制作一双眼睛就可以了。）眼球是带有放射渐变填充色的椭圆形物，瞳孔是简单的、面积较小的黑色圆点。需要注意的是，在你开始画圆之前，一定要先选中工具控制板(Tools panel)中的绘制物体选项。

2．按住Shift键的同时，使用选择工具来点击两个瞳孔。

3．当两个瞳孔都被选中的时候，再按Ctrl+G键来将它们放到一起。以这种方式，你就可以使它们在同一时间动起来。

图7.7 如图所示，绘制两个椭圆形和两个圆形来组成两只卡通眼睛。

图7.8 将两个瞳孔定位在眼球的最左侧，动感的效果就出现了。

4. 右击图层1中的第五个帧并从弹出的菜单中选择插入关键帧(Insert keyframe)这一图标。（选择第五个帧，是因为你并不想让眼睛立刻动起来，你想在使瞳孔移动之前有稍许停顿。）这样，从第一个帧到第五个帧之间的每一个帧上都复制有眼球和瞳孔。此时，在第五个帧中还有一个关键帧，在这个关键帧上面，你可以任意调整瞳孔的位置而不会影响它们在前面任何一个帧上的位置。

5. 在你制作一个关键帧的时候，在那个图层上的所有的物体都将被选中。点击场景舞台区上的任何一个空白处，选中命令就解除了。

6. 点击瞳孔并将其拖动到眼球的最左侧，如图7.8所示。这样，当制作的物体动起来的时候，瞳孔也会跟着移动。

7. 敲击回车(Enter)或返回键(Return key)来播放你所制作的动画。三分之一秒过后，你就会看到瞳孔从眼睛的中央跳动到左侧。

8. 再过三分之一秒后，瞳孔就又跳回到眼睛的中央。要想重新开始，右击位于图层1中的第十个帧并从弹出的菜单中选择插入关键帧(Insert keyframe)图标。

在你制作一个新的关键帧的时候，前面的关键帧上的所有物体都会自动复制到这两个关键帧之间的所有帧上。比如，如果你在第一个帧上制作一个圆，然后又在第一百个帧上制作一个关键帧，那么在第一个帧和第一百个帧之间的每一个帧上都会出现刚才的那个圆。在你播放这些动画的时候，由于此时在这些帧上还没有任何的动感，所以场景舞台区中没有任何的动静，犹如静止一般。位于两个关键帧之间的帧的数量将决定静止时间持续的长短。

7. Animation 101

9. 点击场景舞台区中的任何一个空白处，解除对物体选中的命令。

10. 再将瞳孔定位在眼睛的正中央，然后按回车(Enter)或返回键(Return key)，你就可以观看一下你所制作的动画了。你将看到的应该是瞳孔先移向左侧然后又回到眼球中间位置的过程。

11. 如果你想要延长瞳孔移动的时间，而不是只移动一小会儿，譬如你想让瞳孔从眼睛中间开始移动，持续3秒，然后再让其向左移动，在返回到眼睛中间之前，让瞳孔在某个位置多待上3秒，你只需在你制作的关键帧之间再加一些额外的帧就能实现你的愿望了。开始时，在第一个关键帧（即帧1）和第二个关键帧（即帧5）之间的时间轴上点击任意一个帧，这时，被点击的帧就会被标出来，如图7.9所示。

12. 按F5键大约30次。每一次按F5键的时候，就会有一个额外的帧添加到时间轴上。这时你会注意到，在你添加帧的过程中，刚刚被选中的那个帧之后的那些关键帧会沿着时间轴进一步地向后移。你所添加的每一个帧都是呈静止状态的，并且所添加的每一个帧上都会含有位于其前的关键帧上的所有物体。

13. 在第二个关键帧和最后一个关键帧之间选择任何一个帧，重复前面的步骤以添加更多的帧，如图7.10所示。此时，你的时间轴可能就更长一些了。按回车(Enter)或返回键(Return key)来观看你所制作的动画，你会发现这个时候的瞳孔在其所处的新位置上比之前停留的时间长了很多。

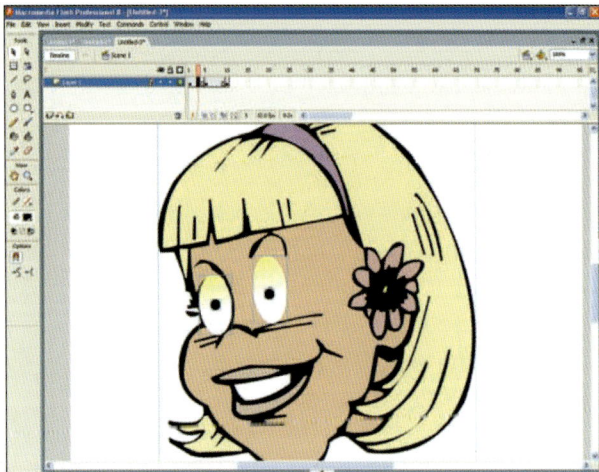

图7.9 在第一个帧和第五帧之间任选一个帧，哪个帧被选中，哪个帧就会被标出来。

图7.10 通过在关键帧之间添加额外的帧，你就可以延长动作停滞的时间了。

14. 接下来的制作就该涉及如何让瞳孔向其他方向移动了。刚才，我们已经做到了将其从眼球的中间移到左边，然后再返回到中间的位置。现在，如果你添加更多的帧，瞳孔在返回到中间的位置之后，就会向右边移动，然后再返回。当然，你不需要重新来制作这些动作和所有新的关键帧，你可以通过复制(Copy)、粘贴(Paste)你现有的帧来实现。开始时，将鼠标的指针定位在时间轴上的第一个帧上，点击并将其拖到右侧，直到最后一个关键帧被标出为止，如图7.11所示。此时，你的动画中的所有的帧都被选中了。（另外一种选中所有的帧的方法是按Ctrl+Alt+A键。）

15. 打开编辑菜单(Edit menu)，选择时间轴并选中复制帧(Copy frames)的图标。这样，你所选中的帧就会被复制到系统的剪贴板上并可以粘贴到任何地方了。

16. 点击位于时间轴上最后一个关键帧之后的第一个空白帧，如图7.12所示。

17. 打开编辑菜单(Edit menu)，选择时间轴并选中粘贴帧(Paste frames)的图标，这样剪贴板上的所有的帧就都粘贴到时间轴上了。

18. 如果你现在再播放一遍你所制作的动画，你会发现瞳孔会向左侧看两次。你需要在瞳孔第二次向左侧移动时，改变它们的方向并将其移向右侧。首先，点击位于时间轴上那个决定瞳孔第二次向左侧移动的关键帧，将其拖到右侧以选中其后所有的帧。

图7.11 通过点击和拖动鼠标来选中位于时间轴上的所有的帧。

图7.12 点击动画中第一个空白帧，你可以在它上面将目前所有的帧都粘贴到剪贴板上。

19. 点击包含倒数第二个关键帧的帧。因为现在场景舞台区中所有的物体仍然处于被选中的状态，你需要点击任意一个空白处来解除选中物体的命令。然后点击瞳孔并将其拖动到眼球的右侧，如图7.13所示。只需通过改变这一个关键帧你就可以改变瞳孔移动的方向了。

20. 按Ctrl+Alt+R键将控制柄(Playhead)移动到这部动画的起点，然后按回车(Enter)或者是返回键(Return key)。现在你看到的是：瞳孔从眼球中间的位置开始向左侧移动，然后再返回到中间，接着又向右侧移动，然后又返回到中间。通过添加、复制、粘贴这一系列过程，你就掌握了动画暂停的方法从而延长动画的时间的捷径。

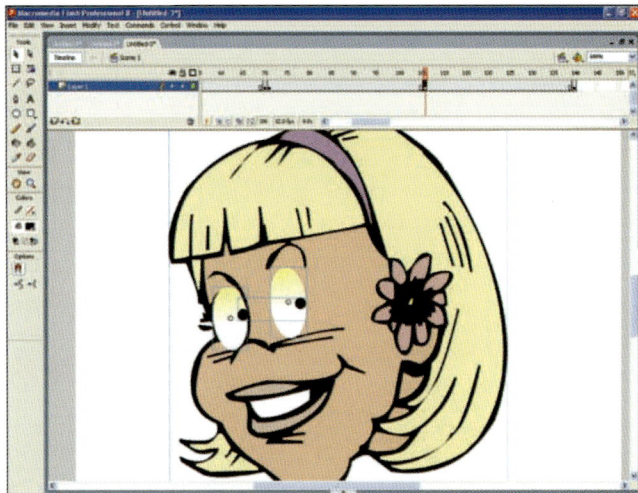

图7.13 在倒数第二个关键帧里，将瞳孔移动到眼球右侧。

移走或清除帧(Removing and clearing frames)

如果你想清除动画中的一些内容，Flash可以提供好几种方法。以下几个步骤是移走或清除帧的方法之一：

1. 在时间轴上点击并拖动你想要清除的帧。

2. 右击选择键或者一个单独的帧，并从弹出的菜单上选择清除帧(Clear frames)或是移走帧(Remove frames)的图标，以达到从选中的帧中移走上面的物体而这个帧还是保留在原位的效果，当然，你也可以分别将帧和它上面的所有内容都移走。

到目前为止，我们一直在学习如何通过一系列的动作来制作帧并帧动画，但千万不要以为我们的课程就到此为止了。除了一帧接一帧地移动它们上面的各个部分，你还可以对你所创作的物体做许多神奇的改变，其中包括改变它们的颜色、重塑它们的形象或者是用其他的物体将其替换掉。

Flash中的洋葱皮功能(Onion skin feature)

目前，你已经掌握了简单的帧并帧动画的制作方法并且能够将设计的物体简单地四处移动一下。但是如果你希望做到对当前帧的前后内容了如指掌，洋葱皮功能(Onion skin feature)可以帮你解决这个问题，有了它，在制作动画的过程中，你就不用再猜想场景舞台区上的物体将往何处移动了。利用洋葱皮功能，你能够看透一个帧上的部分内容，这样，对一个帧上的内容或一个帧前后的内容你就能做到心中有数。（这个功能之所以被称为"洋葱皮"，是因为真正的洋葱皮是部分透明的而且是一层一层的，和Flash中的帧很相似。）

1. 设计一个物体并用它在时间轴的前十个帧上制作出一部帧并帧动画，在每个帧的场景舞台区中将该物体移到不同的位置。例如，将它从场景舞台区的左侧移到右侧。
2. 点击第五个帧。
3. 点击洋葱皮(Onion skin)按钮。这时，你除了能在第五个帧上看见所设计的物体的当前位置之外，还可以在这个帧的前后几个帧上看见该物体处于一个半透明的画面之中，如图7.14所示。现在，你可以很准确地移动你所设计的物体，并且根据前后帧上的物体的位置非常确切地放置当前物体将要在的位置。
4. 如果你看一下时间轴的最上方，你会发现在当前被选中的帧的周围有两个有趣的图形，它们表示你可以看到的帧以及帧数。为了增加或是减少帧数，你可以将鼠标指针定位在其中的一个图形上，然后点击并将其向内侧（朝向控制柄的位置）或是向外侧拖动以分别减少或增加帧数（见图7.15）。

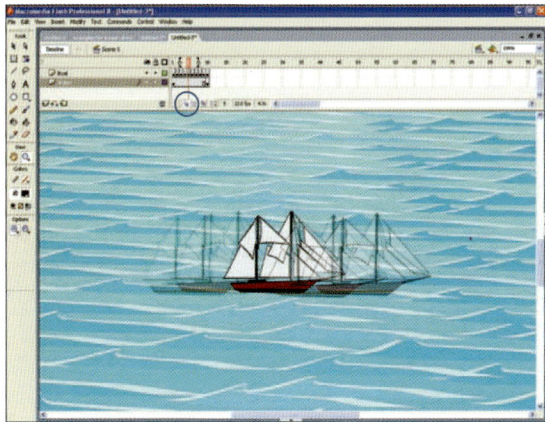

图7.14 点击洋葱皮(Onion skin)按钮可以看到当前帧的前后一些帧。

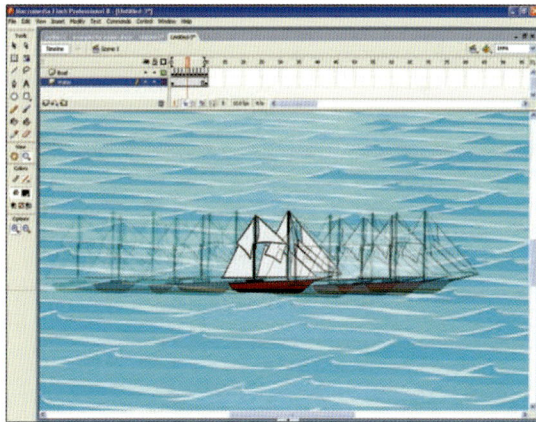

图7.15 你可以拖动洋葱皮开始图标(Start onion skin)和洋葱皮结束图标(End snion skin)来调整所能看到的帧数。

利用洋葱皮功能(Onion skin feature)除了可以一次同时掌握好几个帧上的动画内容，你还可以用它来追踪(Trace)物体。比如你想追踪一张图片，你只需将该图片放在一个帧上，然后在下一个帧上打开洋葱皮功能(Onion skin feature)。这时，你就可以追踪图片上的图像了，如图7.16所示，然后再删除前面那个帧。

洋葱皮的功能选择

就Flash中洋葱功能(Onion skin feature)而言，你有很多的选择。点击"修改洋葱标记"(Modify onion markers)按钮，一个多选项菜单就会弹出(见图7.17)，其中包括以下选项：

◆ **始终显示标记**(Always show markers) 将洋葱皮标记锁定在它们的当前位置，这样它们就无法移动了。想要关掉这个功能，只需在菜单上再点击一下该选项就行了。

◆ **锁定洋葱皮**(Anchor onion) 控制柄是时间轴上的一个红色的线框，它所指示的是正在被播放的帧。你可以向前或向后拖动时间轴刻度标（如图2.21）来改变正在播放的帧。

◆ **锁定2**(Anchor 2) 在当前帧的前两个帧或后两个帧上分别设置开始洋葱皮标记(Start onion skin marker)和结束洋葱皮标记(End onion skin marker)。

◆ **锁定5**(Anchor 5) 在当前帧的前五个帧和后五个帧上分别设置开始洋葱皮标记和结束洋葱皮标记。

◆ **全部设置洋葱皮标记**(Onion all) 在当前场景中的所有的帧上都设置开始洋葱皮标记和结束洋葱皮标记。

洋葱皮标记(Onion skin marker)的位置和当前的帧是紧密联系在一起的，也就是说你得为每一个帧都设置标记。

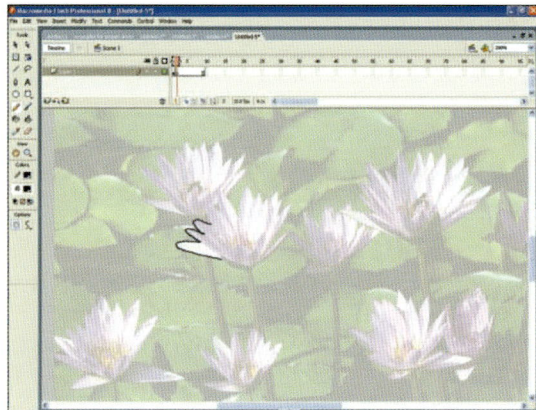

图7.16 你可以用洋葱皮功能(Onion skin feature)来追踪(Trace)一个图像。

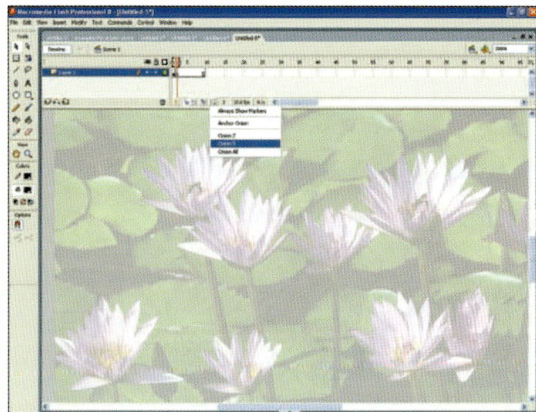

图7.17 点击"修改洋葱皮标记"(Modify onion markers)按钮，就会显示有关该功能的不同选项的菜单。

108

翻转帧（Reversing frames）

翻转帧(Reverse frames)这一功能在Flash制作中能够节省大量时间。例如，假设你创建了一部动画，是一个被抛向空中的球。为了让球返回地面，你大可不必再创建球返回地面的帧，你只需将原来的帧复制、粘贴一下，然后将其顺序颠倒就可以了。将选中的帧颠倒一下顺序就可使刚才位于最后面的帧变到最前面，而最前面的帧则位于最后的位置。是不是觉得有点迷惑了呢？其实很简单，只要按照以下的几个步骤，你就能够做到：

1. 制作一个帧并帧动画，只包含该动画所需的一半动作，比如说，一个向上移动的球、向一个方向移动的眼睛或是一个向上跳的人物。我在这儿用的是有一只海豹的4个帧组成的帧并帧动画，这只海豹的上空有一个球在向上移动。

2. 点击并拖走你想要颠倒顺序的帧，将其选中。

3. 打开编辑菜单(Edit menu)，选择时间轴，并点击复制帧图标(Copy frames)复制被选中的帧，如图7.18所示。

4. 点击位于时间轴上的第一个空白帧，然后打开编辑菜单(Edit menu)，选择时间轴，再选中粘贴帧图标(Paste frames)，如图7.19所示。这样，复制的帧就被粘贴到你的时间轴上了，而你所制作的动画也被自动复制下来。下一步就该将你刚才粘贴的帧颠倒顺序了。

5. 点击并拖动你所粘贴的帧以将其选中。

6. 打开修改菜单(Modify menu)，选中时间轴，并选中翻转帧图标(Reverse frames)以使这些帧颠倒顺序。

7. 按回车(Enter)或是返回键(Return)来播放动画，你会发现刚才粘贴的帧的顺序在动画中已经颠倒过来了。

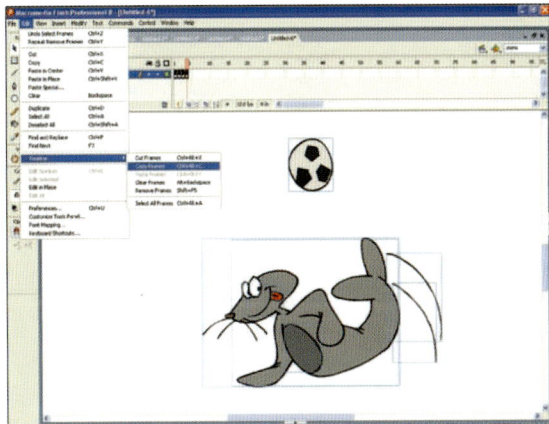

图7.18 复制你想要颠倒顺序的帧。

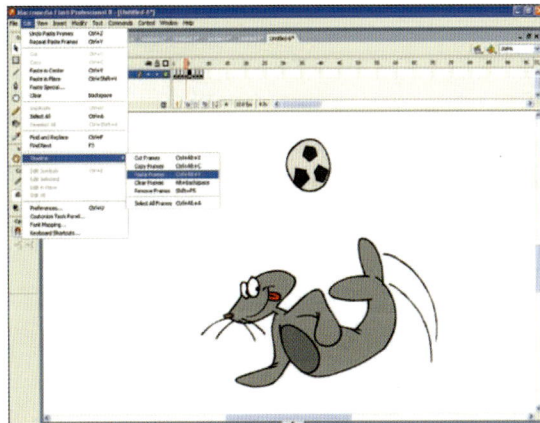

图7.19 将复制的帧粘贴到时间轴。粘贴后，时间轴应该呈现为上图所显示的状态。

渐变动画(Tweening)的制作

设想你想要创建一部五分钟的动画。通过使用Flash的系统默认设置(Default settings)，你必须制作3500多个帧。尽管你能够制作此种类型的帧并帧动画，但是你是不是在想有没有比这更简便的制作方法呢？发明Flash的人很了解你的心思所以才会为你提供另外一种选择，即通过渐变动画(Tweening)制作方法。渐变动画（Tweening）是指你首先为一个物体创建一个起点和一个终点，并让Flash自动生成其中的所有的物体。相信我，一旦你成为了动画制作高手，渐变动画将会成为你最好的朋友，因为它会为你节省大量的时间。即使你只是制作一部简单的动画，比如，让一个车轮在场景舞台区上穿行几秒种，如果你使用帧并帧动画技术的话，你需要一个接一个地处理十多个帧；而使用渐变动画技术，你只需调整两个帧——一个代表车轮起点的帧和一个代表车轮终点的帧。

运动渐变动画(Motion tweening)的制作

本章中要介绍的第一种渐变动画(Tweening)是运动渐变动画(Motion tweening)。拥有这种渐变动画类型，你只需点几下鼠标就能制作一个物体并使其在场景舞台区上移向新的位置，接下来的其他任务就由Flash来帮你完成。

1. 在第一个帧的独立的图层上，创建一个物体，并且你要赋予这个物体动感。

2. 如果属性察看器窗口还有没打开的话，按Ctrl+F3键来将其打开。

3. 现在，我想要制作一部有20个帧那么长的动画。首先，在同一个图层上右击第二十个帧并从弹出的菜单中选中插入关键帧（Insert keyframe）。这样，你所制作的图形都将复制到第一个帧与第二十个帧之间的所有的帧上。

4. 点击第一个帧，然后，在属性察看器窗口打开渐变动画的下拉菜单(Tween drop-down menu)并选中运动图标(Motion)，如图7.20所示。不管你相信与否，你现在已经制作了一个出了一部运动渐变动画(Motion tween)——尽管你现在播放动画时还没有任何动静，因为你还没有将物体移动到它的终点。一旦你选中了运动选项(Motion option)，在第一个帧和最后一个帧的时间轴上将会出现一个箭头。

5. 点击第二十个帧并将你制作的物体移动到场景舞台区中的其他位置上。

6. 按回车键或者返回键来播放动画，这时，物体会在场景舞台区上移动，以第一个帧开始一直到最后一个帧（第二十个帧），该物体一直在动，如图7.21所示。运动渐变动画功能(Motion tweening)是不是很棒呢？你只需做上面这简单的几步就能让物体在整个场景舞台区中穿行。

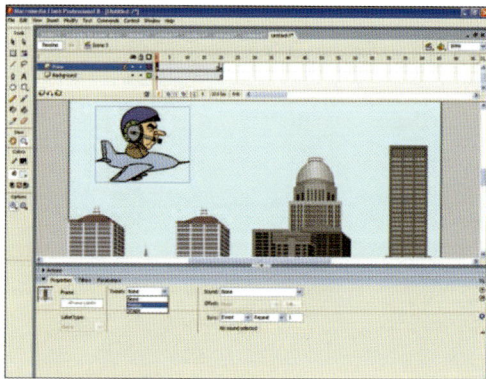

图7.20 通过使用属性察看器窗口，你可以制作一部运动渐变动画(Motion tween)。（顺便说一下，在这里，我在一个独立的图层上创建了一个背景画面并将其复制到所有的帧上，如果你愿意的话，也尽可以这样做。）

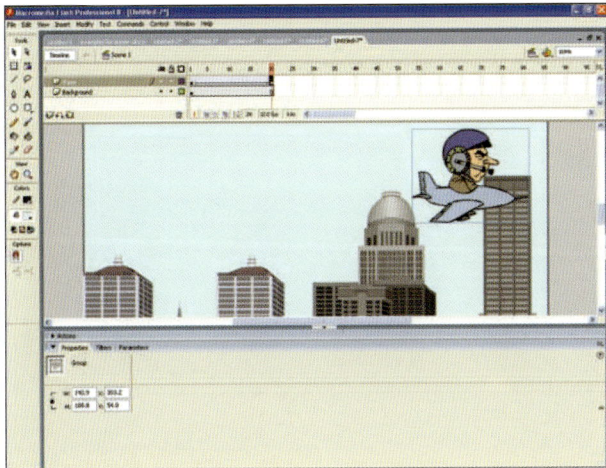

图7.21 移动了动画中的最后一个帧上的物体之后，你的运动渐变动画就完成了。

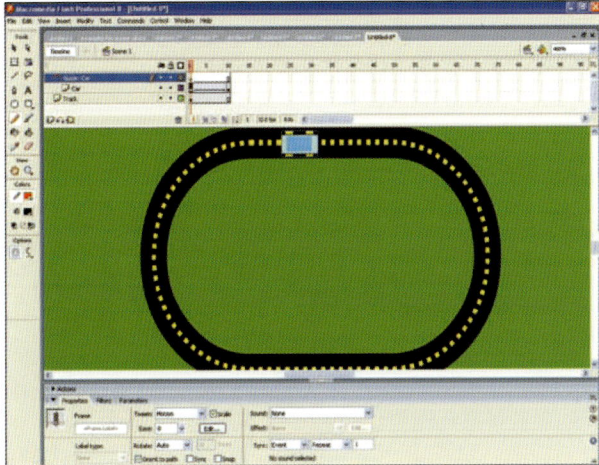

图7.22 当你增加一个运动引导层(Motion guide)时，在图层区域(Layers area)就会出现一个新的引导层(Guide layer)。

遵循路径方向运动（Orient to path option）

在上一小节中你所创建的运动渐变动画(Motion tween)中，物体从它最初的位置到你将其移动后的位置是呈直线移动的。而现实生活中的大部分物体都不是直线移动的。比如，我们常见的鸟并不是沿直线飞行的。所以，如果你想制作出表现一只鸟的动画，你设想的应该是让其在屏幕上朝着不同的方向飞翔。想要取得这样的效果，你可以通过使用遵循路径方向运动（Orient to path option）来实现。同样，对于一辆在椭圆形的轨道上行驶的车也一样——你想让其行驶的轨道呈椭圆形，而不是简单地直线行驶。想要控制一个物体的移动路径，做到以下几条就可以了：

1. 开始时，制作一个运动渐变动画，参考前一节。

2. 点击动画开始处的帧。

3. 在属性察看器窗口,点击遵循路径方向运动选框（Orient to path option checkbox）。

4. 在时间轴上的图层区域(Layers area),点击增加运动引导层（Add motion guide）按钮。这样，一个运动引导层（Motion guide）就被添加到这个图层上并将在图层区域(Layers area)作为一个引导层（Guide layer）出现，如图7.22所示。

5. 点击铅笔工具（Pencil tool）并在场景舞台区上画一个路径，这个路径将成为你所制作的动画移动的路径。需要注意的是，在这儿你也可以使用钢笔工具（Pen tool）、线条工具（Line tool）、圆工具（Circle tool）、矩形工具（Rectangle）以及画笔工具（Brush tool）。你可以让这个路径是一条曲线，也可以将其设置为一个图形的形状。在这个例子中——如图7.23所示——我所画的路径沿着一条轨道。（我所设计的路径是红色的，当然，关于颜色你可以将其设置为任何一种你所喜欢的，因为在接下来的几个步骤中该颜色是处于隐藏状态的。）

6. 点击选择工具栏（Selection tool）并移动物体，这样它就会处于这个路径的刚开始的中间位置，如图7.24所示。

7. 点击运动渐变动画（Motion tween）中的最后一个帧。

8. 将物体定位在最后一个帧上，这样它就会处于这个路径的结尾处的中间位置，如图7.25所示。

9. 点击引导层（Guide layer）的隐藏图层（Hide layer）按钮以将上面的路径隐藏起来，如图7.26所示。（即使你没有隐藏该路径，在你最后完成的动画中它也不会出现。）

10. 按回车键（Enter）或是返回键（Return key）来播放动画。这时，该物体将沿着这个路径移动起来。

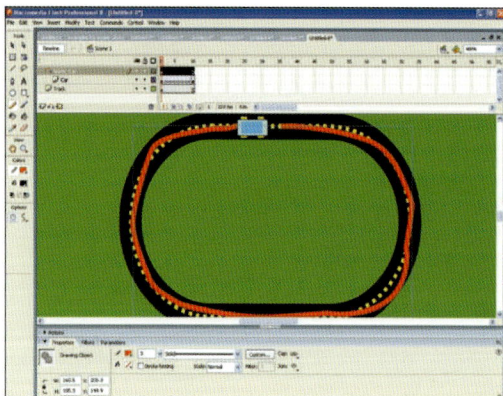

图7.23 你可以为你的运动渐变动画设计任何一种路径，包括各种线状和图形状。

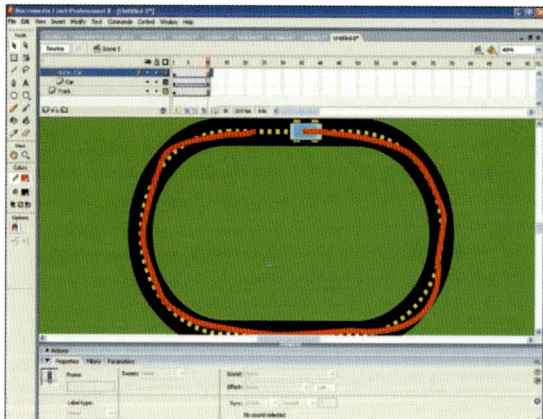

图7.24 将该物体定位在路径开始处的中间位置上。

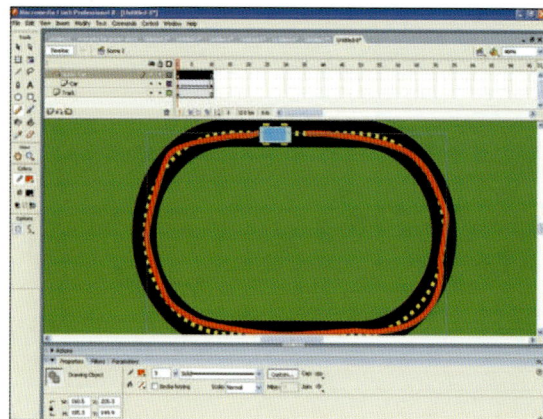

图7.25 将该物体定位在最后一个帧上，让其处于路径结尾的中间位置上。

112

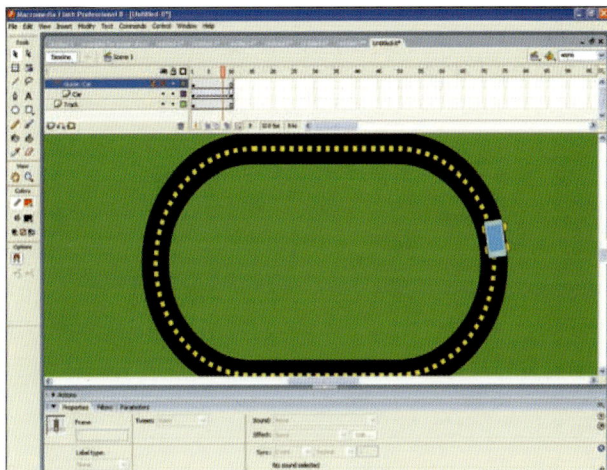

图7.26 将该路径隐藏，这样在播放动画的时候就看不到了。

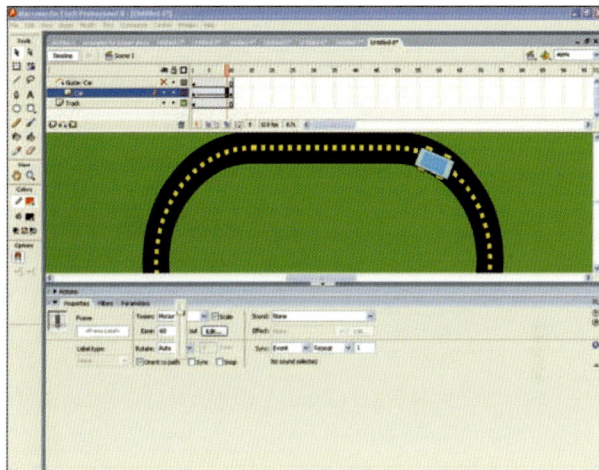

图7.27 在渐变动画的开始和结尾处，你可以使用缓动滑动器（Ease slider）工具来调整动画的速度。

使用Flash里的缓动功能（Ease function）

设想有一名参加100米短跑竞赛的运动员，在起跑的枪声刚打响的时候，这名运动员奋力飞跑并不断加速直到在队伍中脱颖而出，此时，他继续保持着刚才的速度并一直冲过终点线。在他穿过终点线之后，这名运动员便开始减速直到完全停下来。这表明该运动员的速度从比赛的开始到结束是不停地变化着的。Flash中的缓动功能就可以制作出以上所说的效果。有了这个功能，在动画的开始和结尾处，你可以加快物体的动画速度。

要运用这一功能，首先要用运动渐变动画（Motion tween）来制作出一部动画。在这个过程中，你会在属性察看器窗口（Property inspector）看到一个缓动下拉（Ease drop-down）箭头，点击该箭头就会出现一个滑动条（Slider bar），将这个滑动条向上或向下拖的时候可以相应地增加或减少缓动的程度，如图7.27所示。缓动值较高时，物体在动画的开始部分移动得就比较快；缓动值较低时，物体就会在动画的结尾部分移动得比较快。

旋转（Rotating）你的动画

你不仅可以通过运动渐变动画（Motion tween）功能让物体从一个位置移动到另外一个位置，你还可以让物体在场景舞台区中移动时旋转起来。以下就是让物体旋转的几个步骤：

1. 在制作完一个运动渐变动画（Motion tween）后，点击第一个帧并在属性察看器窗口打开旋转下拉（Rotate drop-down）箭头。如图7.28所示，一连串选项就会出现，其中包括以下几项：

   ◆ **无旋转图标（None）** 如果选择这个选项，就不会出现旋转的效果。

   ◆ **自动旋转图标（Auto）** 如果选择这个选项，物体移动时就会自动旋转起来。

   ◆ **顺时针方向旋转图标（CW）** 如果选择这个选项，物体将沿顺时针方向旋转。

   ◆ **逆时针方向旋转图标（CCW）** 如果选择这个选项，物体将沿逆时针方向旋转。

2. 在次数框（Times box）中，输入你想让物体旋转的次数。注意：这个选项只有在你选中了顺时针方向旋转图标（CW）或是逆时针方向旋转图标(CCW)时才能使用。

3. 按回车键（Enter）或返回键(Return key)观看物体在屏幕上移动时是如何旋转的。

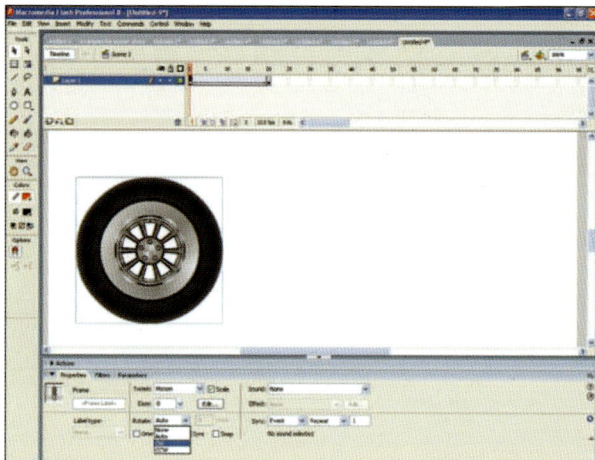

图7.28 打开旋转下拉（Rotate drop-down）菜单，一连串旋转选项可供你选择。

如果你想提前预览你所做的调整，先不要按回车键（Enter）或返回键(Return)，你可以在时间轴上拖动红色的控制柄(Playhead)，在你把它向前或向后拖动的过程中，帧也会随之在场景舞台区上改变，这样，你就可以提前预览你所制作的动画了。

形状渐变（*Shape tweening*）动画的制作

　　形状渐变动画（Shape tweening）功能可以让你很快地改变物体的图形而不需要一个帧接着一个帧地去编辑该物体的图形。使用形状渐变动画制作功能，你可以创建一个处于最开始位置的物体和一个处于最末尾位置的物体，然后Flash会制作出位于这两个物体之间所有变形后的图形。此功能特别适用于制作角色面部表情、移动身体的某个部位以及将物体变形。在本小节中，我将给你演示如何将一个圆变形为一个有趣的新图形。在这个圆变形的过程中，我们也可以移动该图形并改变其颜色，其步骤如下：

1. 确保绘制物体选项（Object drawing option）已经被激活，如果它没有处在被激活状态，按键盘上的J键。
2. 在第一个帧的场景舞台区中画一个圆，它可以是任何颜色，然后将其定位在场景舞台区的左边，如图7.29所示。
3. 右击第二十个帧并从弹出的菜单中选中插入关键帧图标（Insert keyframe）。现在，你已经拥有二十个有画面的帧，但它们目前还能被移动。
4. 点击第一个帧，打开位于属性察看器窗口的渐变动画下拉菜单（Tween drop-down menu）并选中形状（Shape）图标，如图7.30所示。
5. 点击第二十个帧，然后再点击次选择工具（Subselection tool）以将其激活。
6. 点击刚才所画的圆并将其拖到场景舞台区的另一个位置。
7. 点击圆的轮廓以显示出它的定位点（Anchor points），通过该定位点就能够改变这个圆的形状了。

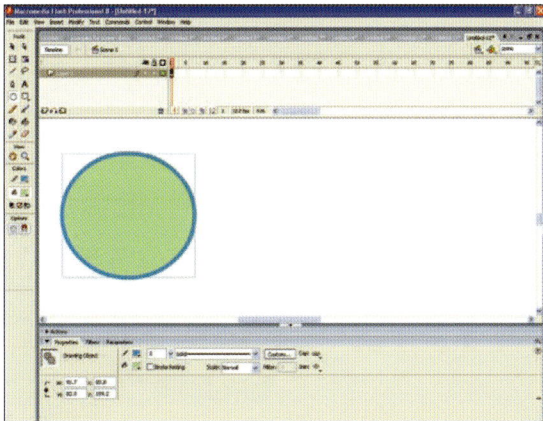

图7.29 通过使用形状渐变动画（Shape tween）功能来改变圆的形状。

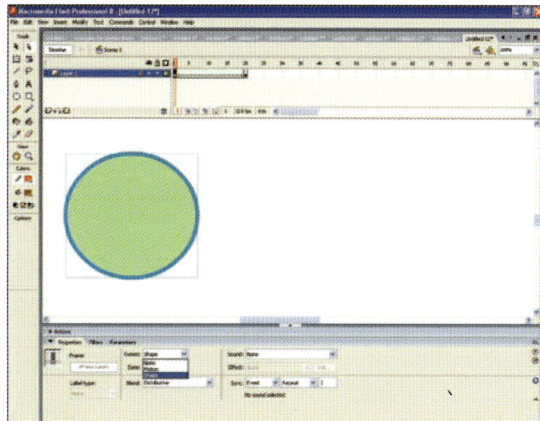

图7.30 从位于属性察看器窗口（Property inspector）的渐变动画下拉菜单（Tween drop-down menu）中选中形状图标（Shape）制作一个形状渐变动画。

8. 通过点击并拖动这些定位点（Anchor points）中的任何一个,给圆创建一个新的形状。

9. 给新的图形填充新的颜色。排在动画中的最后的一个图形将会成为在动画结尾时该物体所变成的图形，如图7.31所示。

10. 按回车（Enter）或返回键(Return key)播放你的动画。你会发现此时刚才的那个圆已经变为你所设计的非常有趣的图形了。

> 如果你想要从动画中移走一个形状渐变动画（Shape tween）或是一个运动渐变动画（Motion tween），你只需右击渐变动画（Tween）中的任意一个帧并从弹出的菜单中选择移走渐变动画（Remove tween）就行了。

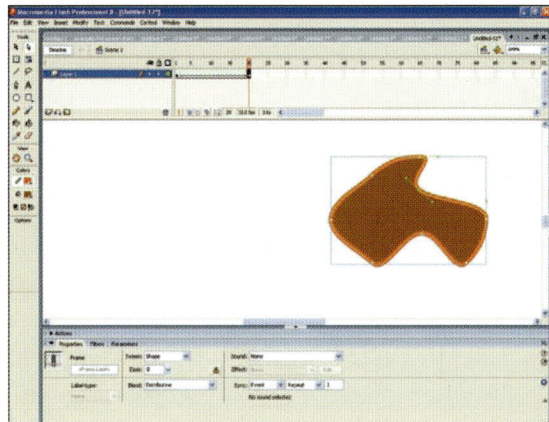

图7.31 通过调整在形状渐变动画中的最后一个帧上物体的图形，你可以看到该物体最后转化为的图形。

实例练习

试着制作一部动画，该动画有一张表情从高兴变为忧伤的卡通脸，如图7.32和图7.33所示。如果在制作的过程中你碰到了问题而进行不下去，只需按如下几个步骤就可以完成你的动画：

1. 制作一个和图7.32中的卡通人物相似的角色，先省略嘴巴的部分。我使用铅笔工具（Pencil tool）、画笔工具(Brush tool)和油漆桶工具（Paint bucket tool）来制作我的卡通人物。如果你制作的人物看上去和图7.32中的不太像，你不必发愁，尽力就行了。

2. 根据卡通人物的背景（Background）来为图层重新命名,让人物和名称匹配。

3. 创建一个新的图层并将其命名为"微笑"（Smile）。

4. 在"微笑"的图层上，使用铅笔工具来绘制人物的微笑表情，如图7.34所示。（确定你是在"微笑"的图层上绘制微笑的表情，这点极为重要。如果你没有这样做，那就会出现一团糟的情况，你会在下一个小节中看到这一点。同时要记住,用铅笔工具绘制微笑的表情。）

5. 在背景图层（Background layer）中右击第十五个帧并在弹出的菜单中选中插入帧（Insert frame）的图标。注意你并不是在制作一个关键帧，而是一个普通的帧。这个时候，你不需要关键帧，因为在动画的制作过程中，你根本就不用改变背景画面。你所创建的背景图画将会复制到动画中的每一个帧上，并以第十五个帧结束。

图7.32 卡通人物的面部表情应该以笑容为开始。

图7.33 通过形状渐变动画（Shape tweening）功能，你可以将以上十五个帧上面的微笑表情转化为皱眉表情。这一技术的最大优点是：你只需在一个帧上改变它的微笑表情——其实就是在最后一个帧上，Flash将会完成剩余的工作。

6. 点击微笑图层将其选中。

7. 右击第十五个帧并从弹出的菜单中选择插入关键帧（Insert keyframe）图标。这时，你所绘制的微笑表情被复制到动画中的每一个帧上，并以第十五个帧结束。

8. 点击微笑图层中的第一个帧将其选中，然后，在位于属性察看窗口处打开渐变动画下拉菜单（Tween drop-down menu）并选中形状图标（Shape），如图7.35所示。现在，上面的微笑表情就成为一部形状渐变动画（Shape tween）了。

9. 点击时间轴上的第十五个帧并用任意变形工具选中微笑表情的嘴。此时，一系列控点就会出现在微笑表情的嘴周围。

10. 将鼠标的指针定位在任何一个角控点外直到鼠标指针变为带有箭头的圆圈的图标为止，然后再点击并拖动微笑表情的嘴直到它旋转为皱眉表情为止。

11. 在皱眉表情不在中心位置时，点击微笑表情并将其拖动到脸的中间位置。

12. 这就成功啦！你已经完成了你的动画制作。按回车（Enter）或返回键(Return key)就可以看到微笑表情是如何转变为皱眉表情的了，如图7.36所示。

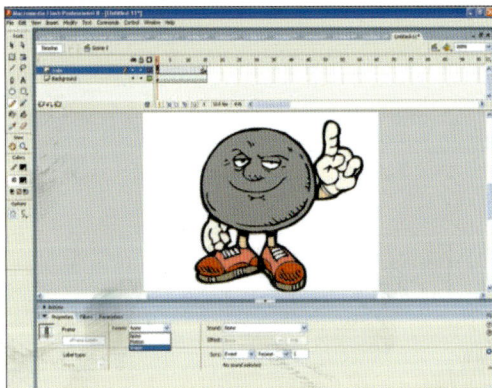

图7.34 制作卡通人物形象和微笑表情或者拷贝一个类似的很好的人物表情也行。

图7.35 从渐变动画菜单（Tween menu）中选中形状（Shape）图标以制作形状渐变动画（Shape tween）。

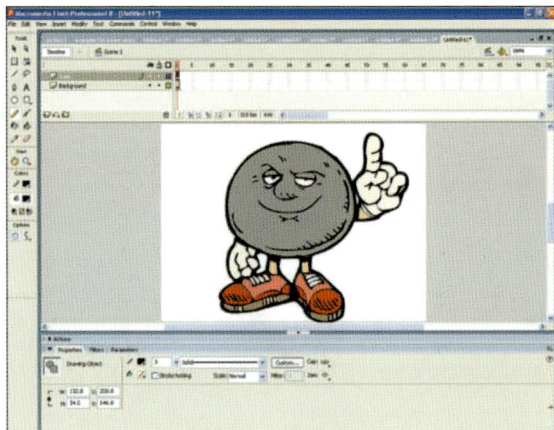

图7.36 旋转微笑表情的嘴直到它变为一个皱眉表情的嘴为止。

118

用形状渐变动画 （Shape tweening） 功能制作出不同的图形

　　首先，你在制作了一部形状渐变动画（Shape tween）后，就可以在第一个帧上创建一个图像并在最后一个帧上对其进行改变。拥有形状渐变动画制作功能（Shape tweening），你可以制作出更多令人意想不到的变了形的图像，这其中包含着两种截然不同的图像。在本小节中，我通过使用形状渐变功能将一条毛毛虫变为一只蝴蝶。当然，你可以将其设计成任何种类的物体。

1. 在形状渐变动画中的第一个帧上创建一个物体，在此，我创建的是一条毛毛虫，如图7.37所示。
2. 右击第十个帧并从弹出的菜单中选择插入关键帧（Insert keyframe）图标。你会看到毛毛虫已经在这个帧上并处于被选中的状态了。按键盘上的删除键（Delete）就可以将毛毛虫清除掉。
3. 在同一个帧上制作或是引入另一个物体，在此，我将一只蝴蝶复制到该帧上，如图7.38所示。
4. 点击第一个帧，打开位于属性察看器窗口的渐变动画下拉菜单（Tween drop-down menu）并选中形状图标（Shape），如图7.39所示。
5. 播放你所制作的动画，你会看见物体变形的情况。在此，你所看到的是毛毛虫变为蝴蝶的动画。

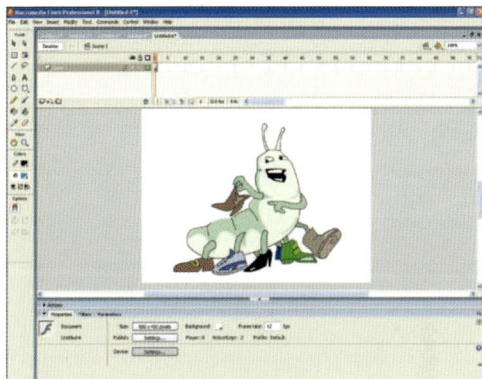

图7.37 在第一个帧上创建你想制作的物体。

图7.38 在最后一个帧上创建或是引入另一个物体。

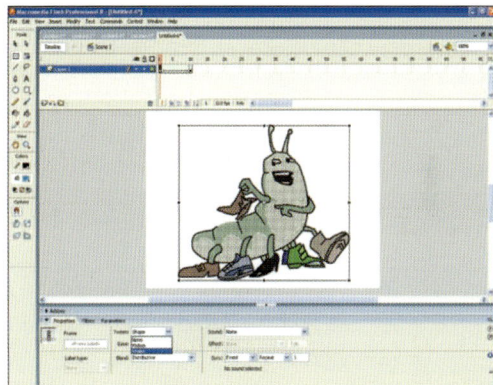

图7.39 选中渐变动画下拉菜单（Tween drop-down menu）中的形状图标（Shape），在你播放动画的时候，毛毛虫就变为蝴蝶了。

外形提示（Shape hints）的运用

　　当你使用形状渐变动画（Shape tweening）功能时，你可能会发现在一个图形向另一个图形的转变过程中，位于中间的帧上会出现一点混乱的情况，或者可以说转变的过程不如你所期望的顺利。为了帮助你解决这个问题，你可以使用外形提示（Shape hints）。通过外形提示（Shape hints），一个图形的某些特殊部位的起点和终点部分可以具体化、明确化。这点对于制作动画中人物的面目表情、移动胳膊和腿等身体部位以及张嘴、闭嘴都非常有用。在图形变形的过程中，如果你想让某些物体在原处逗留不动，外形提示可以帮你做到这一点。要想使用外形提示，你需要在最前面的帧上放一个外形提示，然后在最后面的帧上也放一个外形提示以与之匹配。

1. 制作一部形状渐变动画（Shape tween）。在下面的例子中，我制作的是两个正在溜冰的人物形象。
2. 在我播放这部动画时，我发现在位于中间的帧上的动画看上去有些混乱，如图7.40所示。
3. 点击你所制作的形状渐变动画中的第一个关键帧并将其选中。
4. 打开修改菜单（Modify menu），选择形状图标（Shape）并选中添加外形提示(Add shape hint)图标。（当然，你也可以按Ctrl+Shift+H键。）这时场景舞台区上会出现一个里面含有字母"a"的红色圆点，这表明外形提示（Shape hint）已经存在了。
5. 点击并将外形提示拖动到你想要做标记的图形的第一个点上。在这个例子中，我把第一个标记放在溜冰者头部的最上方，如图7.41所示。我之所以选择头部上方位置，是因为在播放动画的时候，该部位在帧与帧之间出现了一些混乱。

图7.40 在形状渐变动画（Shape tween）中，一些混乱经常出现在位于中间位置的帧上。

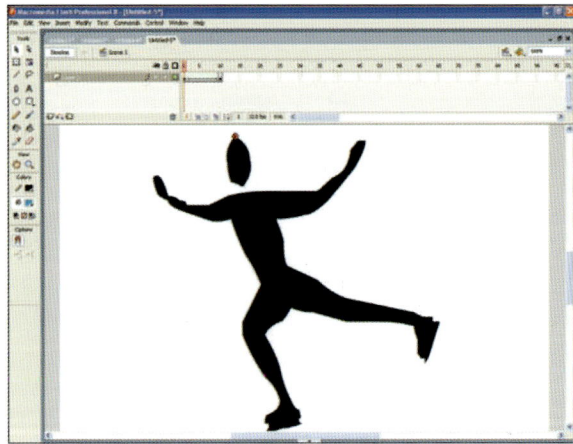

图7.41 你想要在哪里安放外形提示，就将第一个标记定位在哪个地方。

6. 点击形体渐变动画的最后一个帧。你会发现在最后一个帧上也出现了一个和刚才一样的红色的圆点并且里面也含有字母"a"。将红色的圆点定位在图形中和第一个"a"标记相对应的位置之上，如图 7.42所示。

7. 点击形体渐变动画中的第一个帧，你会发现刚才的红色标记已经变为黄色。如果你再一次点击动画中的最后一个帧，上面的标记又变为绿色了。

8. 在图形中其他的位置上重复上面步骤3到步骤6，如图7.43所示。譬如，在图形的每一只胳膊、每一只脚以及中间部位上放置一个标记。你所创建的每一个标记上面都有一个新的字母，这样你就可以将外形提示（Shape hint）中的第一个帧上的标记和最后一个帧上的标记相匹配了。你最多大概可以制作出26个标记——每一个上面都被分配有一个字母标记。

9. 现在可以播放动画了，你所看到的图形转变效果比刚才好多了。

> 你不必在第一个帧上创建一个标记之后，再将其放到最后一个帧上，这样一次移动一个，会浪费大量时间。为了帮你节省时间，你可以先在第一个帧上创建所有的标记，然后再将其移到最后一个帧上并将它们全部放置好。

图7.42 在最后一个帧上将该标记定位在和第一个帧上的标记相对应的位置上——在这个例子中，将其定位在头的最上方。

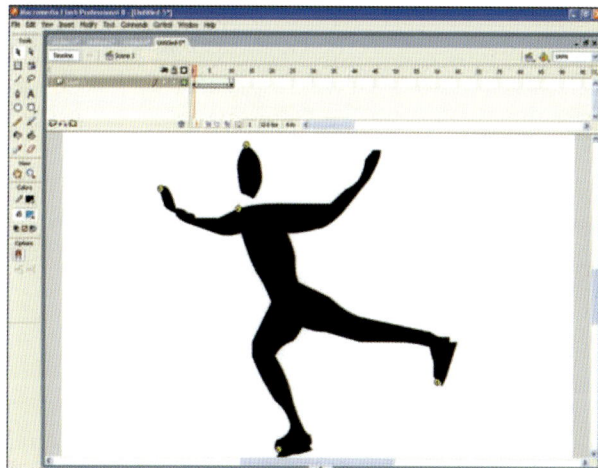

图7.43 在你所制作的图形中添加其他的外形提示（Shape hints）。

形体渐变动画（Shape tweening options）功能选项

点击形体渐变动画（Shape tween）中的任意一个帧，你会发现属性察看器窗口中的几个选项，其中有一个是缓动（Ease）选项，这个我们已经介绍过了；另一个是调配（Blend）选项，它能够控制图形转变的进程。

如果你打开调配选项的下拉菜单（Blend drop-down menu），你会看到以下两个选项：

◆ **分布式**（Distributive）选择该选项，动画中位于第一个帧和最后一个帧之间所有帧上的物体的中间形状是不规则的。

◆ **规则式**（Angular）选择该选项，动画中位于第一个帧和最后一个帧之间所有帧上的物体的中间形状都保留明显的直线和角。

这两个选项的区别不是很明显，你需要在实践中来看哪一个用起来效果更好一些。

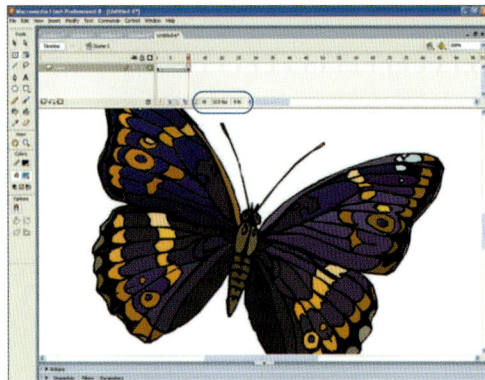

图7.44 位于时间轴底部的三个数字表示了这一帧的时间间隔的不同方面的数值。

时间间隔（Timing）

我们所制作的动画涉及一个帧接一个帧的显示过程，其中每两个显示的帧相隔的时间都是具体的（通常不超过一秒）。一个帧显示的时间越快，动画播放的速度也越快。Flash使你可以控制你所播放动画的时间间隔，你可以加快其播放的速度也可减缓其速度。但是，需要注意的是，在你所制作的整部动画中，你只能有一个帧频（Frame rate）。也就是说，对于同一个位于不同位置的帧而言，你不能让其显示得太快或是太慢，（尽管你可以使用动画制作工具让其看上去好像是变快或变慢了）。

1．制作任何一种类型的动画并在动画中点击任意一个帧。

2．注意时间轴的底部，你会发现三个数字，如图7.44所示。第一个数字表示的是当前的帧，第二个数字表明的是动画的播放速度，用fps(即每秒钟显示的帧数)来表示，最后一个数字表示的是已经播放的时间。

3．帧的默认显示速度是12fps，这对于在网上播放动画来说是很理想的速度。当然，你可以改变该数字。开始时，通过从显示的修改菜单（Modify menu）中选择文件（Document）图标来打开文件属性对话框（Document properties dialog box）。

4．在文件属性对话框（Document properties dialog box）中，通过调整帧频（Frame rate）中的数值来改变每秒钟显示的帧数，如图7.45所示。

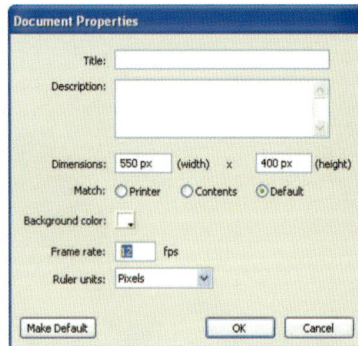

图7.45 使用文件属性对话框改变帧的显示速度。

专家文档

姓名：大卫·布朗
工作单位：交互式虚拟办公网络公司网
页地址：http://www.agencynet.com

你是如何学习Flash的呢？ 我是美国劳德代尔堡艺术学院的一名学生，但我所学的大部分知识都是通过个人研究和学习得来的。

你是怎样开始使用Flash的呢？ 我是在学校最先接触到Flash的，然后，我便利用课余时间继续钻研这方面的知识，研究一些很有趣的数据以及它们是如何被运用到Flash里的。

你最常使用的功能或工具是什么呢？ 我用得最多的是Flash系统中的组织工具（Organizational tools）。在制作图层及更复杂的Flash文件夹的时候，创建和命名文件夹及图层是非常重要的；同时，在和一个团队一起工作的时候，保持一个组织有序的库（Library）也很重要。

就Flash而言，你最喜欢它哪点？ 它是世界上唯一的可以让你完全将声音、视频、数据、3D及动画融合到一起的程序或者说是平台，实现了真正双向的用户人机对话（Two-way user interactivity）。在Flash中，你可以制作你所能想象得到的任何东西。另外，它载入和利用外来资源（像图像文件夹或者是数据资料）的能力是另一大重要的特点。

你是如何做到让自己制作的动画与众不同呢？ 就我所制作的动画而言，我对它的版式及尺寸大小都非常在意。另外，在屏幕上通过动作脚本语言（ActionScript）而非时间轴（Timeline）来移动物体并赋予其动感能够取得更好的视觉效果。

ActionScript是一种由欧洲计算机制造商协会通过的脚本程序设计语言（ECMAScript-based programming language），用它来控制Macromedia（全球最大的网络多媒体软件公司）的Flash电影及其应用程序。因为ActionScript和JavaScript（一种由Sun Microsystems所开发的程序语言）这两种程序语言都是建立在ECMAScript的句法之上的，所以掌握了一种语言就能很容易地过渡到另一种语言。但是，它们各自所面对的客户类型是不一样的，JavaScript处理的是Windows、文档及形式上的问题，而ActionScript处理的是电影剪辑、文本及声音领域的问题。

制作出一部非常出色的动画有什么秘诀呢？ 秘诀就是要有一个出色的故事。Flash可以让你通过动画来讲述一个出色的故事，如果你的故事不精彩，那再好的技术也帮不了你。就动画而言，不同的类型其效果也很不一样，具体可分为：帧的渐变（Frame tweening）动画、全方位移动(Multi-layered movement)动画、背景（Background）动画以及我最青睐的特技（Trick）动画。特技动画仍然涉及运用图像的问题，它是通过快速剪切图像来给人以惊人的速度和超强的戏剧性效果等幻觉。《太阳神玩转东京》（Teen Titans）或是《德克斯特的实验室》（Dexter's Laboratory）这两部卡通片就是很好的例子。对了，另外一个秘诀是在你制作动画之前一定要充分做好各个方面的准备。

在Flash的使用方面你有什么好的方法来与读者分享吗？ 努力学习并对程序方面的知识有个大致的了解。Flash的使用者也可以成为一名动画设计师、程序设计师、动画制作人或是A/V人士。你可以这样做：选择某一个你最感兴趣的领域，然后专心攻克这一个领域。对刚才我所说的要尽力获得Flash其他方面的知识一定不要当成儿戏，因为那些知识对于提高你的综合技能是非常有帮助的。另外，在使用Flash的过程中，将你所遇到的所有可变量（Variables）都分别设置为不同的类型，这样，在你调试或是改正缺陷的时候，将你所设置的那些变量类型再确定一下将会对你大有裨益。

你有一些制作动画的好方法来让我们的读者与你分享吗？ 正如我上面所说，动画可分为许多类。如今，我的开发商们在运用Flash的制作过程中，都是使用动作脚本语言（ActionScript）程序来移动物体的。另外，帧的渐变动画（Frame tweens）对于提高你的动画制作水平也是大有帮助的。我建议大家要努力去观察探索发生在周围的一切事情——以一个故事作为起点，然后尝试使用程序动画（Code-based animations）和渐变动画(Tween-based animations)，你很快会发现哪一种方法更适合你。

对于Flash动画制作的初学者，你有一些其他的建议吗？ 我最想建议大家的是要多去自己实践，尽力去寻找做同一件事情的不同方法。这样，你才能很快学会编程。那么，现在就放下书本吧，走到电脑前，尝试着制作一部关于鸟追虫子或是一个男孩遛狗的动画（或是其他任何你想制作的动画）。这样，你也就可以立即开始用不同的方式来讲述同一个故事的学习过程。Flash的信息面板（Message boards）也是一个了不起的资源，这是因为在分享知识、见解、秘诀以及对于去展示你最近的动画制作（不管这些制作是多么的简单）方面，信息面板充当了一个交流平台。总之，最重要的是你能够畅游在其中并能找到里面的乐趣。祝你好运！

例子

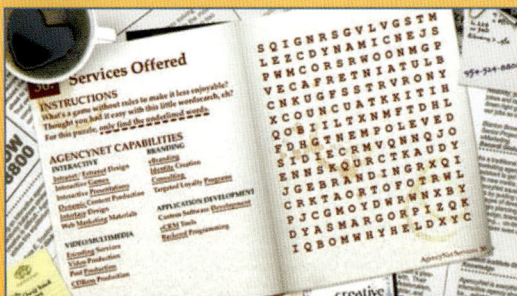

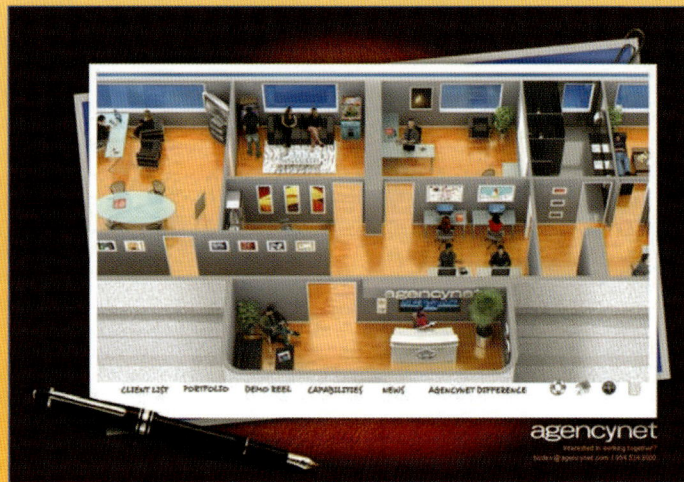

虚拟办公网络公司
（Agencynet）

姓名：乔·希尔兹
工作单位：虚拟网络公司
网址：http://www.joecartoon.com

你是如何学习Flash的呢？ 是我的一个朋友教我的，他的名字叫布拉得亚赫思。我们一起在一家儿童服装公司做设计师。他教给我Flash的基础知识。他的网站是http://www.yarhouse.com，我是该网站的忠实粉丝。

你是怎样开始使用Flash的呢？ 我曾在市中心租过一间办公室。这让我想起发生在1997年的一件事，当时住在离我不远的一位17岁的电脑爱好者从我这拿走了一张设计图案（一个外星人盆骨扭动的两幅并列的图画）并将其做成了一个GIF(电脑图形档案格式的一种)动画。我看到该动画后，非常惊讶，原来我还能成为一个动画制作者呢，而我以前居然都不知道。我立即给布拉德打电话并请求他教我制作动画。

你最常使用的功能或是工具是什么呢？ 钢笔工具（Pen tool），我用它画大量的图画。

就Flash而言，你最喜欢它哪点？ 它用起来很简单，如果你想自己拍一部电影的话，用它就可以做到。

你是如何做到让自己制作的动画与众不同呢？ 凭我自己的个性。无论动画做得成功与否，都必须由一个实在的人来完成，我想观众可以分辨出这一点。我的作品有一种很真实质朴的感觉在里面——至少，我自己是这么认为的，它们和迪斯尼动画片的感觉完全不一样，你们觉得呢？

制作出一部非常出色的动画有什么秘诀呢？ 对我来说，动画一定要有趣，所以我就努力制作一些能让自己大笑的动画。如果你试图让你所制作的动画去迎合所有人的口味，那制作出的动画肯定会很无趣。应该按你自己的真实想法去做！

关于利用Flash你有什么好的方法来与读者分享吗？ 我所使用的都是Flash最基础的技术。我一个帧接着一个帧地画了许多图画，然后随便按几个键就行了。对我来说，就是这么简单。

你有一些制作动画的好方法来让我们的读者与你分享吗？ 如果你需要用同一种物体来绘制许多个帧——比方说我要制作的物体是嘴巴，那就逐帧每次只填充一种颜色，然后再从头开始填充下一种颜色。为什么要这样做呢？因为在你制作了大量的帧之后，用填充工具逐帧地一次填一种颜色比一次填三种颜色效率更高一些。（我所制作的嘴巴最多只用三种颜色——两种红色和白色。）

对于Flash动画制作的初学者，你有一些其他的建议吗？ 记住，你要有自己的思想，你的思想永远是你自己的，而且我敢打赌，许多人都能够欣赏你的想法。所以，就将你真实的想法展示出来吧，无论它是喜、是悲、还是严肃。不要因为偶尔的失败就断定自己不行。另外，当全世界的人都在你家门外大声嚷嚷他们喜欢你的创作时，可别忘了告诉他们一位名叫乔的男士曾经给你指引过方向。

例子

第八章
让你的角色动起来

每一个角色身体的移动都可以说是这部动画的基础。幸运的是，使用Flash，你就可以拥有制作这种使角色身体移动的能力。在上一章中，你已经通过使用关键帧熟知了这一方法，当你通过移动场景舞台区中的物体来制作动画时，你能够创造出物体移动的视觉效果，而制作此类动画的一种更常见的技术是：通过移动角色身后的背景，同时控制角色关节模仿走路或是跑步的动作，创造出角色移动的视觉效果。你所看到的每一幅卡通画面里几乎都有此项技术的应用。在一个人跑步的时候，实际她或他并没有朝哪个方向真正地跑去，而是一直待在屏幕的中间位置上，是其身后的背景在移动。这就是本章要涉及到的内容。开始时，用几条细小的线条、几个图形以及一个背景画面来制作一个非常简单的"手拿棍棒的男士"角色，然后，通过移动该人物的关节及其身后的背景来让你所制作的人物动起来。

创建角色（Creating the character）

想要创建一个以刚才所说的那种方式移动的角色（包括你即将要制作的"手拿棍棒的男士"），关键的问题是一次只能制作此角色身体的一个部位，并且每一个部位都和一个关键的关节连接在一起。这样，你就可以通过让各个部位动起来的方法来制作一个角色在移动的画面。以下就是制作步骤：

1. 选择画笔工具（Brush tool）。

2. 打开画笔尺寸下拉菜单（Brush size drop-down menu）并选中上面的第五个选项，如图8.1所示。

3. 如果工具面板（Tool panel）里的绘制物体选项（Object drawing option）没有被选中的话，点击一下该选项。

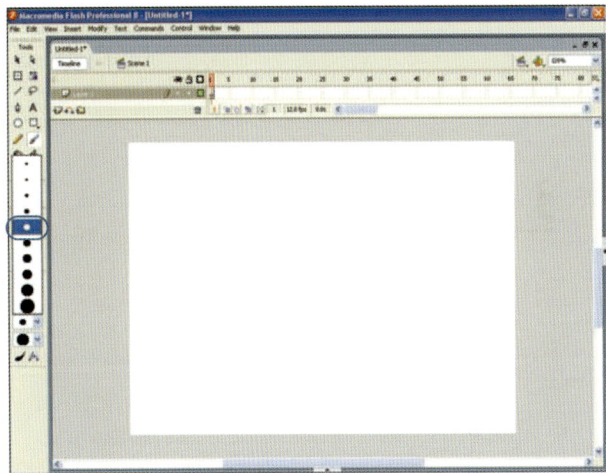

图8.1 从画笔尺寸下拉菜单里选中第五个尺寸选项。

4. 在场景舞台区中画几条线，如图8.2所示。这些线条将组成角色的胳膊和腿。

5. 点击画笔图像下拉菜单（Brush shape drop-down menu）并选中椭圆形的图形，如图8.3所示。

6. 点击场景舞台区4次，创建角色的手和脚。

7. 点击椭圆形工具（Oval tool）图标并将其拖动到场景舞台区中，创建一个椭圆形的头，如图8.4所示。

8. 点击次选工具（Subselection tool），然后在椭圆形这一图形旁点击一下，此时，会出现一连串的节点（Nodes）。

9. 点击位于最下方的节点，并将其拖动到右侧，为角色创建一个下巴。

10. 点击位于中间靠左的节点，并将其拖动到右侧，创建该角色的鼻子。现在，你应该已经拥有了一个头的侧面图像，如图8.5所示。

让你创建的角色动起来（Animating the character）

为了让你所制作的角色看上去像是在行走，需要使用你在上一章中所学到的帧并帧动画技术，同时，你也需要利用洋葱皮功能，这样，在动画制作过程中，你才能观察到被选中的帧的前后帧上到底在发生怎样的变化。

1. 使用任意变形工具来移动并旋转该角色身体的各个部位，让它们看上去像图8.6里的图像。

2. 点击并拖动鼠标，选中第一至六个帧。

3. 右击你所选择的帧，并从弹出的菜单中选中关键帧转换图标，如图8.7所示。现在，刚才创建的角色就会同时出现在这6个帧上。

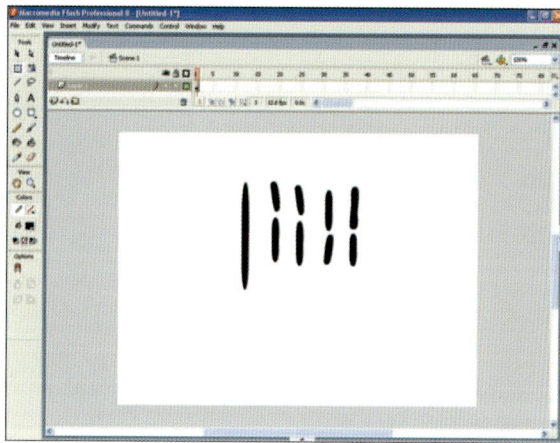

图8.2 使用画笔工具（Brush tool）来创建身体的各个部位。

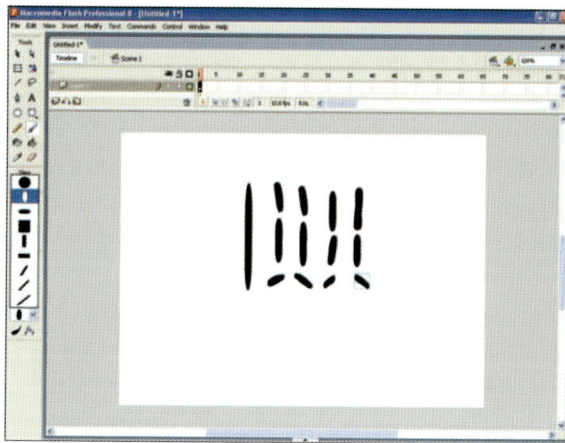

图8.3 选择椭圆形图形（Oval shape），然后点击场景舞台区，创建角色的手和脚。

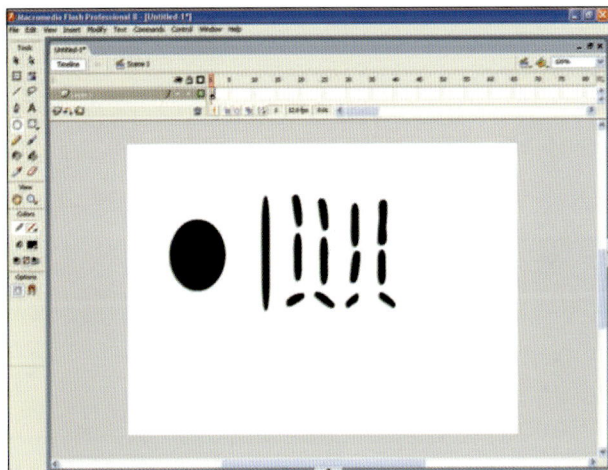

图8.4 为角色制作一个头。

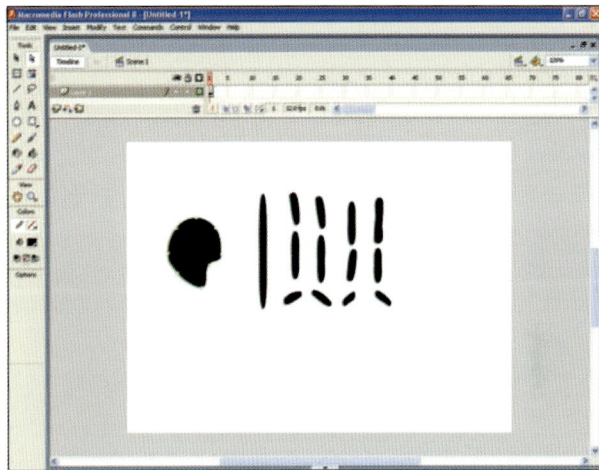

图8.5 通过拖动节点，你能够创建出头的侧影。

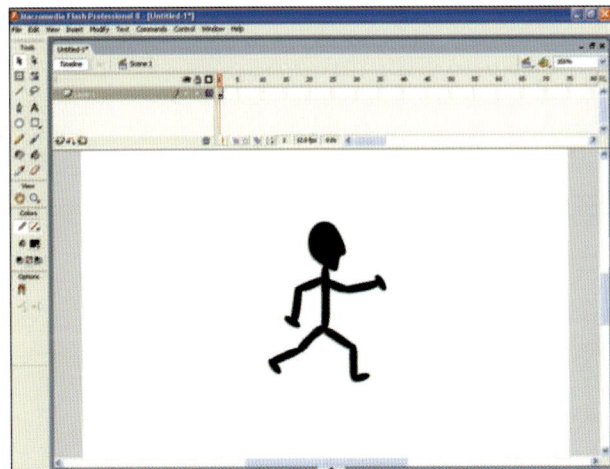

图8.6 定位角色身体的各个部位，所创建的角色看起来像在走路。

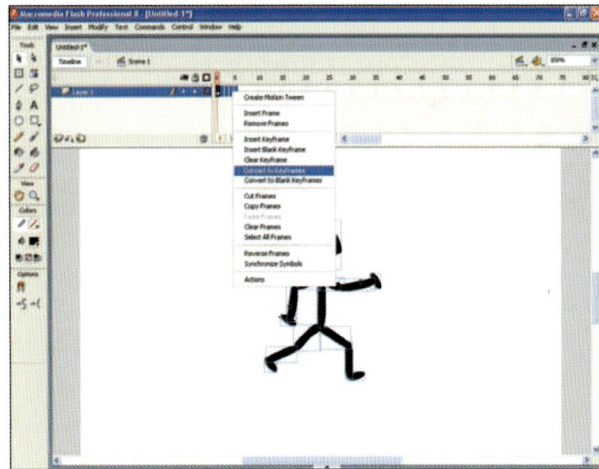

图8.7 用第一至五个帧来制作关键帧。

8. Putting Your Body in Motion

4. 点击第二个帧并选中它。

5. 点击洋葱皮工具按钮（Onion skin button），将该功能打开。

6. 使用任意变形工具（Free transform tool）移动并旋转该角色身体的各个部位，让它们看上去像图8.8里的图像。

7. 点击第三个帧并重新定位角色身体的各个部位，如图8.9所示。

8. 在下一个帧（即第四个帧）上重复上面的第六个步骤，如图8.10所示。

9. 点击洋葱皮工具按钮，将该功能关掉。

10. 现在，你已经制作了一个角色正在步行的完整的动画，此时，你只需要在后面重复创建机组相同的该动画，这样，里面的角色看起来就像是走了一段时间。该如何重复地创建该动画呢？你只需简单地将现有的帧复制下来，然后粘贴几次就行了。也就是说，你先右击任意一个帧并从弹出的菜单中选择选中所有帧（Select all frames）的图标。

一幅动画中的一个相对完整的部分（就像你刚刚制作的角色行走的这一部分）被称为一个运动周期（Motion cycle）。

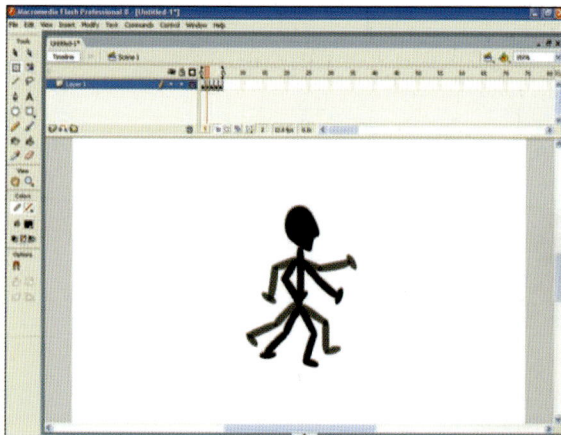

图8.8 重新定位第二个帧上的角色身体的各个部位，这样就能取得上图中的效果。注意，因为此时洋葱皮功能（Onion skin feature）是打开着的，所以你能够看到第一个帧上的内容。

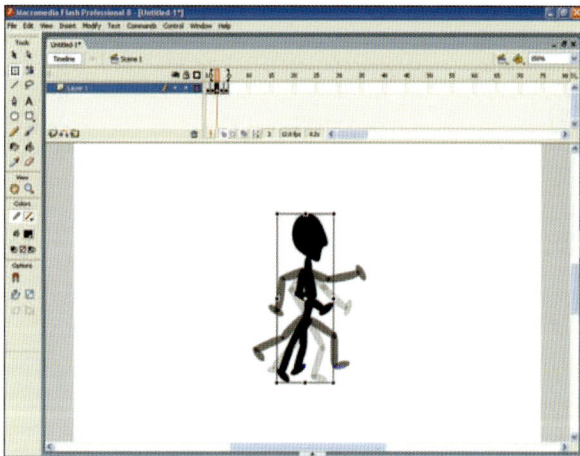

图8.9 重新定位第三个帧上的角色身体的各个部位，如上图所示。

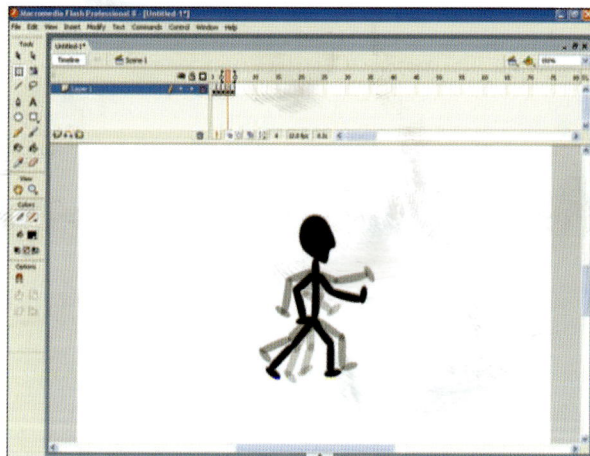

图8.10 重新定位第四个帧上的角色身体的各个部位，如上图所示。

11. 按Ctrl+Alt+C键复制帧。

12. 点击位于时间轴上的第一个空白单元格（Blank cell），如图8.11所示。该位置就是你要粘贴帧的地方。

13. 按Ctrl+Alt+V键粘贴帧。这样它们就会出现在第一个运动周期（Motion cycle）的末端。

14. 再将上面的第十二和第十三个步骤重复五次，这样你的动画中总共就有35个帧，如图8.12所示。

15. 既然你现在有35个帧，那么制作更长的动画就容易得多了。那就继续将现有的帧再复制、粘贴两次吧，这样你的动画就相当长了。
    （按Ctrl+Alt+A键选中所有的帧，按Ctrl+Alt+C键复制所有选中的帧，然后点击时间轴上的第一个空白帧并按Ctrl+Alt+V键。如果现在播放你所制作的动画，你会发现里面的人物可以行走大约六秒钟的时间。下面的任务就是为这段时间制作一个移动背景了。）

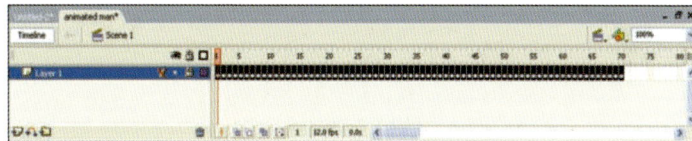

图8.12 通过将帧重复粘贴几次，你的动画长度也就随之拉长了。

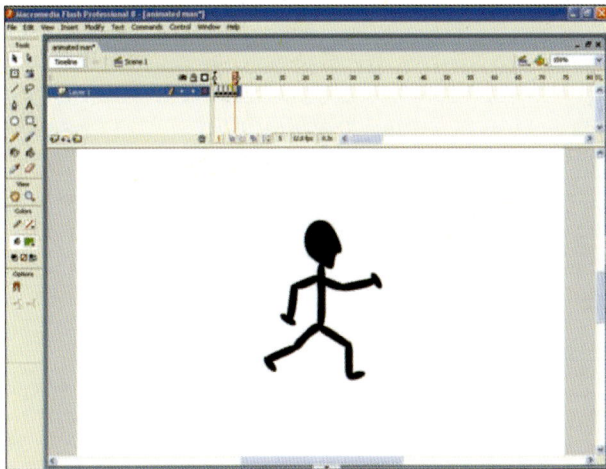

图8.11 选择位于动画末端的第一个空白帧。在此处粘贴你所复制的帧。

制作背景画面（Creating the background）

要制作一个可以动起来的背景，你只需使用上几个前几章中所提到的工具，在一个独立图层上画一些物体就行了。这其中隐藏的窍门是：制作一个至少比场景舞台区宽两倍的背景，这样，在播放动画的过程中，此背景就可以移动了。（这听起来也许让你觉得有些困惑，但请相信我，一会儿你就会明白是怎么回事了。

1. 先点击时间轴上的第一个帧，然后再点击新图层（New layer）按钮。这样就创建了一个新的图层，即图层2，你可以在它上面绘制背景画面。

2. 为了让所有的图层都变得井然有序，你需要重新命名你刚刚制作的两个图层。点击位于图层区(Layers area)的图层2并将其重命名为"背景（Background）"。然后再点击位于图层区(Layers area)的图层1并将其重命名为"角色（Character）"。

3. 现在，你所制作的背景图层(Background layer)位于角色图层（Character layer）的上方。因为你想让角色位于背景画面的前面，所以你需要变换图层的顺序。将鼠标指针定位在位于背景图层边上的墙纸图标旁，点击并将其向下拖动直到在角色图层下方出现一条黑色的细线，如图8.13所示。

4. 点击位于人物图层边上的锁状图标（Lock icon）和眼睛图标（Eye icon）以将该图层锁住并隐藏起来。这样，在制作背景画面时，该图层上因被锁定而不会被改变。

5. 绘制背景画面上的物体，如图8.14所示，画面上的跑道、草地以及天空都是用矩形工具绘制而成；树木和云彩都是用画笔工具绘制而成。你也许会问：为什么这里出现的云彩和树木没有和背景画面的左侧或是右侧发生重叠现象呢？因为这个动画在播放完之后会紧接着再重播一遍。因为这个原因，一幅动画的结束和开始的接合点必须设计得天衣无缝，这样，观众在看动画的时候，就不会注意到这个接合点。要想达到这个效果，背景画面的左侧和右侧必须看上去完全一样。

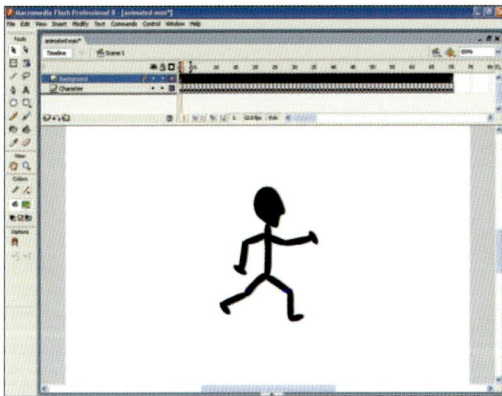

图8.13 通过向下拖动，将背景图层（Background layer）定位在角色图层（Character layer）之后。当一条细小的黑线出现在图层之下时，将鼠标松开，如左图所示。

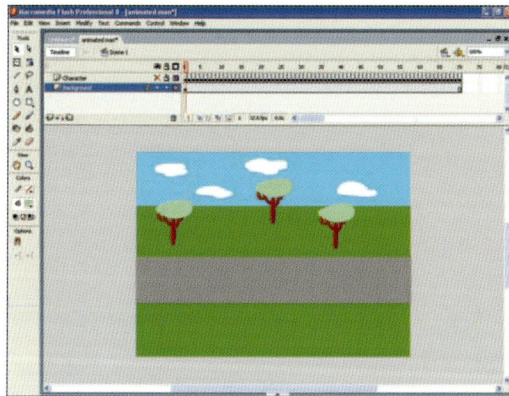

图8.14 用画笔工具和矩形工具来制作如左图所示的背景画面。

6. 在你完成了背景画面的绘制工作后，按Ctrl+A键将所绘制的物体全部选中，然后再按Ctrl+C键将其复制到剪贴板（Clipboard）上。

7. 在屏幕右上角的缩放区（Zoom field）键入45将缩放度（Zoom level）改为45%，如图8.15所示。这样，你就能够看到整个场景甚至更多的内容了——这点是很有必要的，因为背景画面必须是场景舞台区宽度的至少两倍。

8. 按Ctrl+V键将所复制的背景画面粘贴到场景舞台区中。

9. 一直按着右箭头键（Right arrow key）直到把你所复制的背景画面移动到原始背景画面的右侧，但此时仍要将所复制的背景画面与原始画面稍微重叠在一起（如图8.16所示）。记住在你移动背景画面的时候一定要使用右箭头键而不是鼠标，这个移动的过程必须要谨慎。

10. 按Ctrl+A键将背景图层（Background layer）上的所有物体都选中，然后按Ctrl+G键来将它们归类，这样在制作整个背景画面时更容易使之产生动感效果。

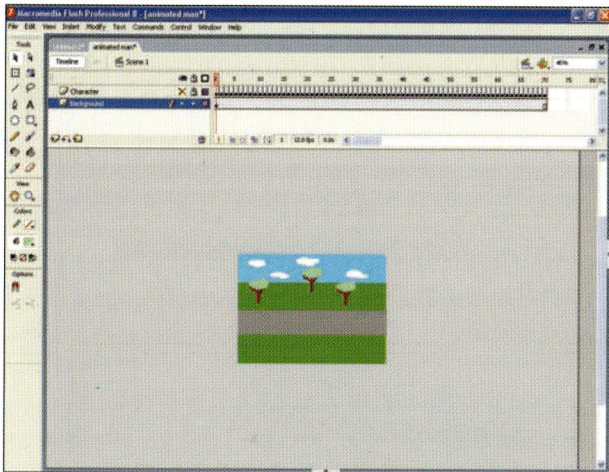

图8.15 将缩放度改为45%，这样你可以看见整个场景舞台甚至更多的内容。

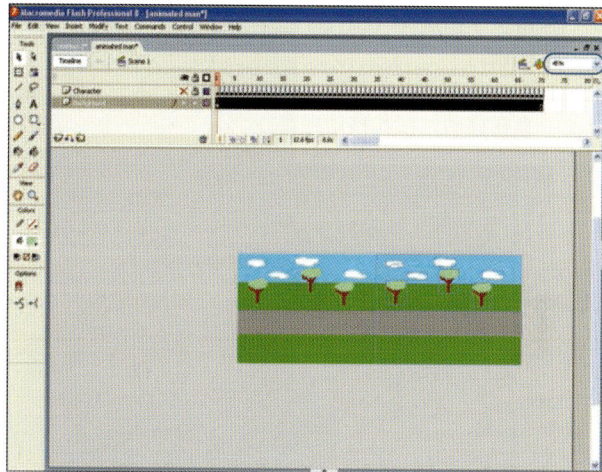

图8.16 使用键盘上的右箭头键，将所复制的背景画面移动到原始背景画面的右侧。必须确保在两个背景画面之间没有留下任何的空隙，也就是说，两个背景画面需要稍微重叠在一起。

3. 右击第二十个帧并从弹出的菜单中选择插入关键帧（Insert keyframe），这样，该帧上就出现了一个关键帧。

4. 右击第九个帧，并选中制作运动渐变动画（Create motion tween）图标。这时，在第一个帧和第十个帧之间的时间轴（Timeline）上会出现一个箭头。

5. 右击位于第十个帧和第二十个帧之间的任意一个帧并选中制作运动渐变动画（Create Motion Tween）图标，此时，在第十个帧和第二十个帧之间的时间轴上会出现一个箭头，如图8.23所示。

6. 点击第十个帧并缓缓地将宇宙飞船向上移动，如图8.24所示。

7. 按回车键（Enter）或是返回键(Return key)来播放你所制作的动画，你会发现宇宙飞船会先向上移动，然后又会向下移动。

8. 此时，你要做的是将这个运动周期（Motion cycle）重复几次。要达到这个效果，你只需将刚刚制作的帧复制、粘贴一下。开始的时候，右击任意一个帧并从弹出的菜单中选择选中所有帧（Select all frames）图标，这样，动画中所有的帧就都被选中了。

9. 右击选择项（Selection）的任意一个地方并从弹出的菜单中选择复制帧（Copy Frames）图标。

10. 右击第二十一个帧并从弹出的菜单中选择粘贴帧(Paste frames)图标。

11. 分别在第四十一个帧和第六十一个帧上重复步骤10（见图8.25）。

12. 播放你所制作的动画，现在你所看到的是宇宙飞船能够上下移动好几次的效果。

13. 制作一个新图层并将其命名为"背景"（Background）图层。

14. 点击并拖动背景图层，这样，在图层区（Layers area）它就会位于宇宙飞船图层之下。

15. 通过点击图层区里的相关图标（见图8.26）来隐藏并锁定宇宙飞船图层，以免你无意中误选或是修改该图层。一定要完成这个步骤，否则会影响接下来几个步骤的操作。

16. 在背景图层中点击第一个帧。

17. 选中矩形工具并创建一个和场景舞台区大小相当的黑色矩形。

18. 选中画笔工具并在背景页面上创建面积各异的白色的圆点，如图8.27所示。

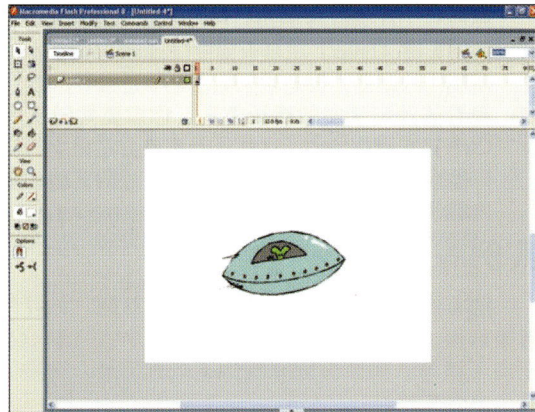

图8.22 在场景舞台区上制作或是引入一个宇宙飞船，然后将其所在的图层命名为宇宙飞船。

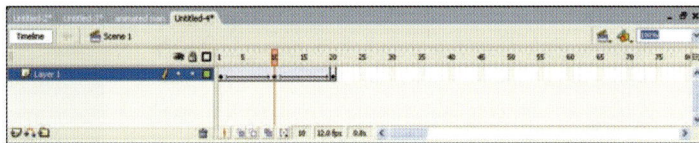

图8.23 分别在第一个帧和第十个帧之间、第十个帧和第二十个帧之间创建一个运动渐变动画（Motion tween）。

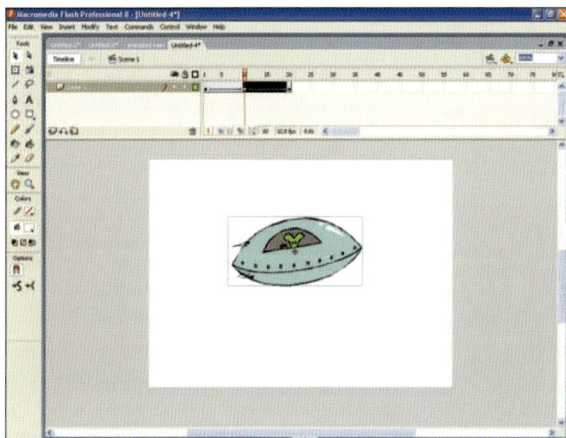

图8.25 将所复制的帧分别粘贴在第二十一个帧、第四十一个帧和第六十一个帧上，这样可以使同一个动画周期循环播放好几次。

图8.24 缓缓地移动位于关键帧中间部位的宇宙飞船，这样，在播放动画的时候，宇宙飞船会先向上移动，再向下移动。

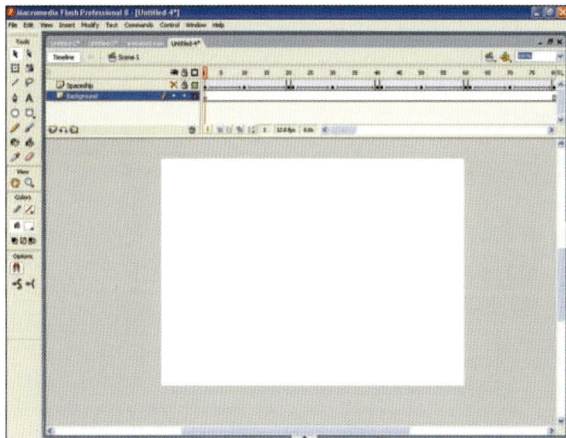

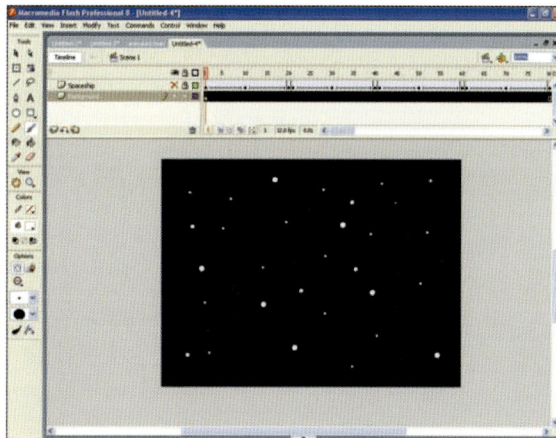

图8.26 将背景图层（Background layer）放在宇宙飞船图层（Spaceship layer）之下，一定记住要隐藏并锁定住宇宙飞船图层。

图8.27 用不同尺寸的画笔工具绘制星星的图形。

19. 按Ctrl+A键来选中背景图层中的所有物体，按Ctrl+G键将该图层上的所有物体分类。

20. 将缩放度（Zoom level）改为65%，这样，你就可以看见完整的场景了。

21. 按Ctrl+C键来复制背景画面，按Ctrl+V键将其粘贴到场景舞台区中。

22. 使用选择工具将所复制的背景画面移到现有背景画面的右侧，并确保让它们稍微有些重叠，如图8.28所示。

23. 分别按Ctrl+A键和Ctrl+G键来将背景画面中的所有物体聚集到一起。

24. 点击背景图层（Background layer）中的第二十个帧并按F6键创建一个关键帧。

25. 右击位于第一个帧和第二十个帧之间的任意一个帧并从弹出的菜单中选择制作运动渐变动画（Create motion tween）图标。这时在第一个帧和第二十个帧之间的时间轴上会出现一个箭头。

26. 点击第二十个帧，并用选择工具来移动背景画面，使背景画面的右侧和场景舞台区的右侧处于并列的位置，如图8.29所示。

27. 你已经制作了一段运动渐变动画（Motion tween），这就意味着在你播放动画的时候，位于第一个帧和第二十个帧之间的背景画面将会由左向右移动。此时，你需要再将背景动画复制、粘贴几次，这样，播放动画时，该动画可以被循环播放了。开始时，点击并拖动鼠标选中背景图层中第一个帧和第二十个帧之间的所有的帧。

28. 右击选择项的任何一个地方并从弹出的菜单中选择复制帧（Copy frames）图标。

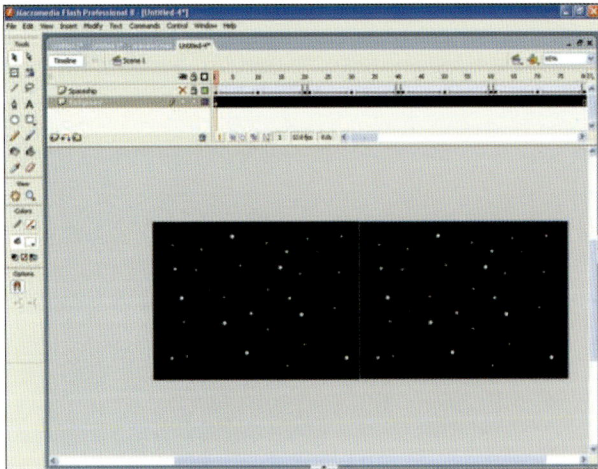

图8.28 将所复制的背景画面移动到右侧，并确保复制的背景画面和现有的背景画面稍微有些重叠。

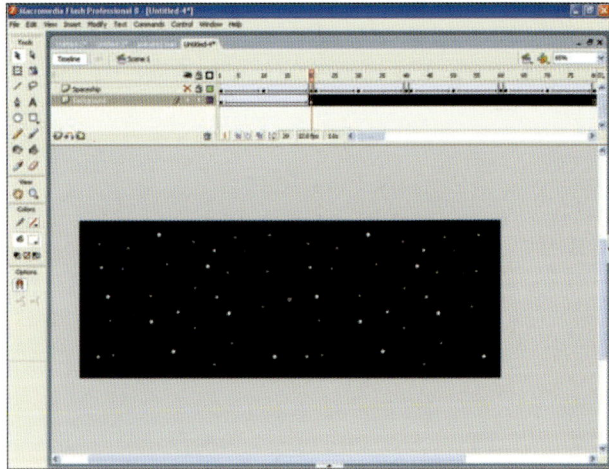

图8.29 将背景画面移动到左侧，使背景画面的右侧和场景舞台区的右侧排成一列。

29．右击第二十一个帧并从弹出的菜单中选中粘贴帧（Paste frames）图标。

30．在第四十一个帧和第六十一个帧上重复这一步骤（见图8.30）。

31．按Ctrl+回车键(Enter)播放动画，并且是在独立的窗口中播放，你会发现此时的宇宙飞船看起来就如同飞一般地快速移动。

32．你会发现在背景图层末端的时间轴上还存在多余的帧，这是因为当你在第步骤29中粘贴帧的时候，现有的帧被转移到旁边的位置上了。要解决这个问题，点击并拖动鼠标选中背景图层中第八十一个帧到动画末尾之间所有的帧。

33．右击选择选项并从弹出的菜单中选择移走帧（Remove frames）图标。

34．显示宇宙飞船图层并按Ctrl+回车键(Enter)。这时，所播放的动画效果就会非常好了。

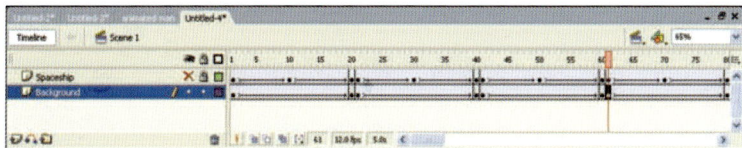

图8.30 将所复制的帧粘贴几次以循环播放该动画。

第九章
让你的卡通发出声音来

我 现在给你布置一项简单的任务：我想要你出去租一部非常好的动作片影碟或是打开你最喜欢的电视节目。但在你观看前，要把音量调为零，然后坐下来，放松地欣赏。

我敢肯定观看无声的娱乐节目肯定没有观看有声音的节目有意思。对于电影、电视节目以及电子游戏来说，如果声音不重要的话，那么就不会有很多专门为"最佳音乐奖"而举办的颁奖晚会了。声音除了在电影、电视以及电子游戏中起到至关重要的作用外，也是精彩的Flash动画中必不可少的一部分。

声音和音乐可以为你所制作的动画增添意想不到的效果！其中，角色间的对话是动画中最常见的声音，但它只是动画中众多声音中的一种。你还可以制作并运用背景音乐、当一些事情发生时插入相关的声音或是在里面播放能够吓到观众的声音或音乐。音乐和声音有助于在动画中营造氛围、调节心情或是提高其戏剧性效果。本章节不仅探讨了如何将声音运用于动画之中，还探讨了如何录音以及如何将角色对话运用到动画之中。

在动画中导入声音和音乐（Importing sounds and music）

譬如说你有自己最爱听的MP3歌曲，然后你很想将此歌曲作为动画中的背景音乐。在你将这首歌曲或是任何其他的声音导入动画中之前，你需要先将音乐文件（Music file）导入动画之中。在你导入一种声音的时候，该声音会被放置在库（Library）里，之后你可以将不同的声音运用到动画中的各个组成部分中。现在我们就来探讨一下将声音导入库中的一系列步骤吧：

1. 先制作一幅动画，在本章节中，我已经制作了一幅简单的动画，在一张卡通脸上，一张嘴巴在不停地上下动着，看上去好像该卡通角色正在说话，如图9.1所示。如果你看一眼该图像的时间轴，你会发现我在这个序列中制作了两个关键帧。在这个过程中，我运用了一部形状渐变动画（Shape tween），然后，在每个关键帧上，我改变了嘴的形状，这样是为了让其产生仿佛在上下移动的视觉效果。

大部分歌曲都是有版权的，这就意味着如果你想将其导入到你的动画之中，而你的动画将会在网上被观众共享或是用作销售，那么你就需要从歌曲的版权所有者那里获得许可才能使用。

2. 打开文件菜单(File menu)，选择导入（Import）图标并选中导入到库（Import to library）以打开导入到库对话框(Import to library dialog box)（见图9.2），然后从对话框中选中一个要导入的文件。

3. 在你的电脑中，定位并选取你想要导入的音频文件（Audio file），然后点击打开(Open)按钮。这时，对话框会消失，尽管看上去你的动画中好像没有发生什么变化，事实上，你所导入的文件现在已经可以在库(Library)中使用并且可以将其运用到你所制作的动画中了。

4. 在你所制作的动画中，重复上面的步骤3以导入你想要的其他的音频文件。

如果你使用的是Windows系统，你可以将WAV、AIFF和MP3等音频格式的文件导入到你的Flash中。如果你使用的是Apple computer(苹果电脑)，你只能导入MP3格式的音频文件。如果你想将其他类型的音频文件导入到你的Mac（苹果电脑中的媒体存取控制）中，你可以从苹果的网站上下载并安装QUICKTime（苹果公司提供的系统代码的压缩包）软件（该网站为：www.apple.com/quicktime）。

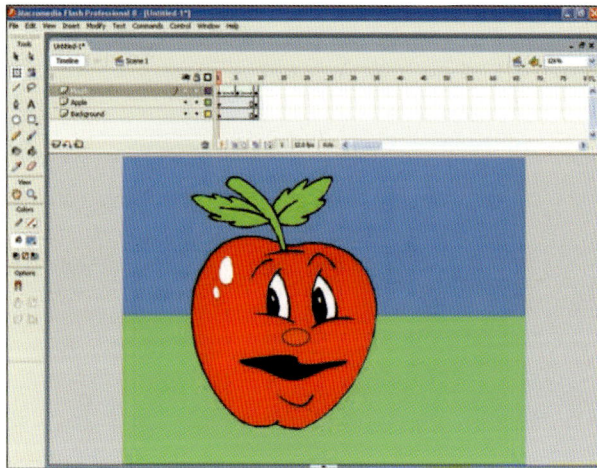

图9.1 制作一个你想要加入声音的动画。

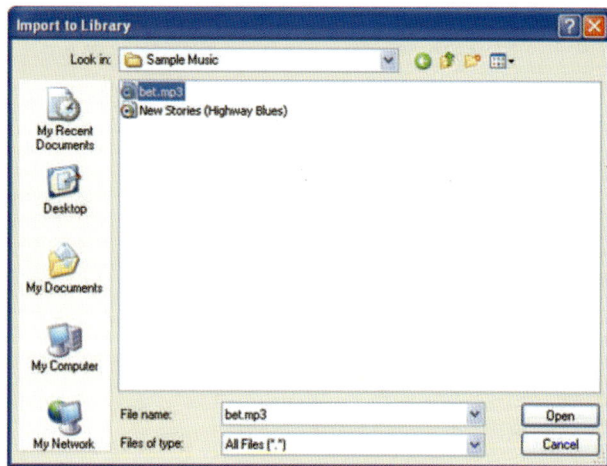

图9.2 在你的电脑中打开导入到库对话框(Import to library dialog box)并选取在你的动画中将要用到的音频文件。

插入声音（Inserting sounds）

　　一旦你已经将你想要使用的音频文件（Audio files）导入到库（Library）中，具体如何应用它们就很简单了。你只需点击几下鼠标按钮就能将声音添加到其中。注意，你所添加的声音将被插入到一个分隔图层（Separate layer）上。请按以下几个步骤操作：

1．在时间轴的图层区(Layers area)里点击插入图层（Insert layer）按钮以创建一个新的图层。

2．将这个新的图层重新命名以和你要导入的声音文件名称相符合。在本例中，我将该图层命名为"声音"（Sound）。根据系统默认的设计，这个图层会被选中——一定要确定该图层处于被选中的状态，因为你一会儿要将声音引入到该图层。

3．按Ctrl+L键来打开库(Library)。如果库(Library)里已经存有一些之前被导入的声音，你会在库(Library)里看见这些声音的清单。

4．点击你想要导入的声音，此时，该声音的视觉效果（即音波图示）就会出现在库(Library)窗口的顶部，如图9.3所示。

5．如果你想要预览该音频文件，请点击位于库(Library)窗口右上角的播放（Play）按钮。

6．点击库(Library)中的音频文件并将其拖动到场景舞台区上的任何一个位置。在你松开鼠标的时候，你会看到该声音已经添加到被选中的图层上了，如图9.4所示。

7．按回车键（Enter）来播放你所制作的动画，请注意声音是从动画最开始的位置开始播放。在接下来的几个部分，你将要学到的是如何改变声音的属性，这样，你就能够掌握何时播放该声音以及播放时间的长短。

> "即使你可以在一个图层中放置多个音乐，但是最好的方法是为每首导入的音乐创建单独的图层。"

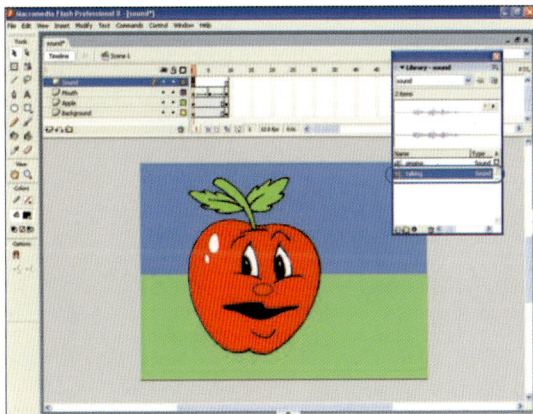

图9.3 点击你想要导入的文件。

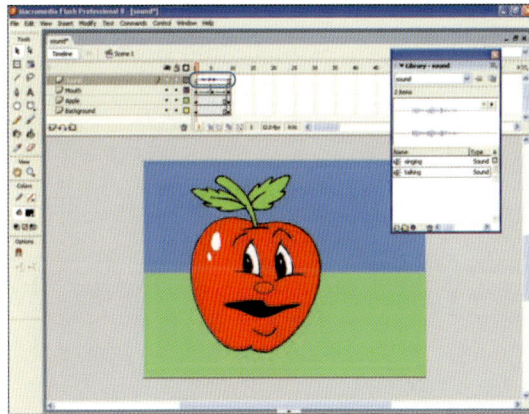

图9.4 在你将声音拖动到场景舞台区之后，音波就会出现在被选中的图层上。

9. Tunes for Your 'Toons

制作背景音乐（Creating background music）

在播放动画的时候，如果想让你导入的歌曲一遍一遍不停地播放，你需要让你的音频文件（Audio file）处于循环的状态，简单地说，循环（Looping）是指在你所播放的歌曲结束的时候，它又会自动开始重新播放。你可以在属性察看器窗口（Property inspector）将该声音循环播放的次数具体化。

1. 按照"导入声音和音乐"（Importing sounds and music)和"插入声音"(Inserting sounds)这两部分中所提到的具体步骤来导入一种声音并将其插入到自己的图层上。

2. 选中你想要在其中重复播放声音的图层。

3. 点击Ctrl+F3键来打开属性察看器窗口。或者，你也可以通过打开视窗菜单（Window menu）来打开属性察看器窗口，然后选择属性（Properties）图标并将其选中。

4. 在同步菜单（Sync menu）中，一定要选中事件声音（Event）图标，然后从第二个下拉菜单中选择循环（Loop）图标。

5. 为了避免声音无休止地重复下去，你可以键入你想要其重复几遍的具体的数字。你只需在重复框（Repeat box）里键入数字就行了（比如5）。

6. 按回车键（Enter）或是返回键（Return），现在，在时间轴上，你会发现声音重复5次之后才会自动停下来（见图9.5）。

声音类型（Types of sounds）

在同步菜单（Sync menu）中，你可能已经注意到几个你可以选择的选项了，其中包括Flash中两种主要的声音类型：

◆ **事件声音（Event）类型** 此种声音类型是指一些简短的声音，这也是你在动画中选择最多的声音。如果你所制作的动画要在某一个网站上播放，事件声音在完全被下载下来之后才会开始播放。

◆ **流声音（Stream）类型** 此种声音类型会让你所引入的声音呈流线型（stream）播放，也就是说，一旦该声音的一部分被下载下来，它就会开始播放。此类型对于一部有很长歌曲或是背景音乐的动画特别适用。

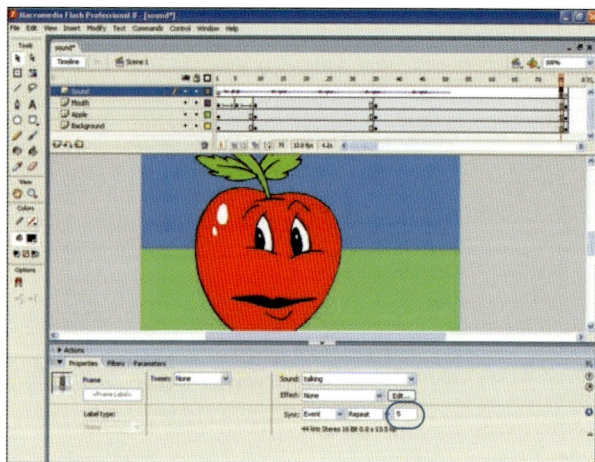

图9.5 你可以通过属性察看器窗口（Property inspector）来改变某个音频文件重复播放的次数。

对话录音（Recording dialogue）

究竟怎样把你的动画中的角色间的对话录音下来呢？其实，你可以使用免费的录音机，用它们来录下你需要的声音，然后再将录下的声音转换为一个可以在Flash中使用的音频文件（Audio file）。如果你正在使用Windows系统，那么你就已经拥有了一台录音机——它已被安装在你的系统中。要想用它来录下对话，你只需在电脑上连接一个麦克风，然后按如下的步骤操作就行了：

1. 点击开始(Start)按钮，选择所有程序（All programs）图标，然后，选中附件（Accessories），再选择娱乐（Entertainment）并点击录音机（Sound recorder）。

2. 在确认麦克风已经连接到电脑上之后，在录音机窗口中，点击录制（Record）按钮，如图9.6所示。

3. 对着麦克风讲话。

4. 讲话结束时，点击停止（Stop）按钮。

5. 打开文件菜单（File menu）并选择另存为（Save as）图标。

6. 将刚录制的音频文件命名后，选中你想要保存该文件的文件夹，然后，点击保存（Save）按钮。这样，该文件就会以一种名为WAV的音频格式被保存下来，现在，你可以将其导入到库（Library）并应用到你所制作的动画之中。

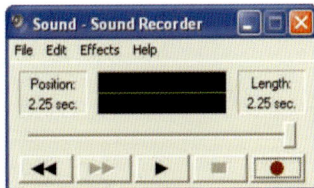

图9.6 你可以用 Windows系统中的录音机来录音并将录下的音频文件应用到你所制作的动画之中。

将声音定位（Positioning audio）

你已经学过如何将声音插入到动画中譬如让其在动画开始的时候播放。然而，也有可能你想让插入的声音在动画的某一个具体的部分播放，而不一定是在开始的部分，在你导入角色对话的时候更是如此，因为你想让角色的对话和口型配合完好。要想做到这些很简单，就是在你想要加入声音的帧上，创建一个关键帧。以下就是其具体的操作步骤：

1. 制作一部动画并在库（Library）中导入你所需要的声音，这就像在前面的一个小节——在动画中导入声音和音乐（Importing sounds and music）——中所概述的一样。

2. 为你想要运用到动画中的声音创建一个分隔图层并给该图层取一个恰当的名称。

3. 点击你想让声音由此开始播放的帧。

4. 在键盘上按F6键以在被选中的帧上创建一个关键帧。在本例子中，我想让我的音频文件在第十个帧上开始播放，所以我在第十个帧上创建了一个关键帧，如图9.7所示。

5. 点击Ctrl+F3键打开属性察看器窗口（Property inspector），并在该窗口打开声音（Sound）下拉菜单，此时，你会看到一个你已经导入的所有声音的列表，选择你想要再次用到动画中去的声音，如图9.8所示。

6. 播放你所制作的动画，你会发现在关键帧没有被创建好前，声音是不会被播放出来的。在本例子中，声音是从第十个帧开始播放的，如图9.9中的时间轴上所显示的那样。

左边的这些步骤也教给了大家如何将声音导入到动画中的另一种方式，并非一定要用库（Library）。

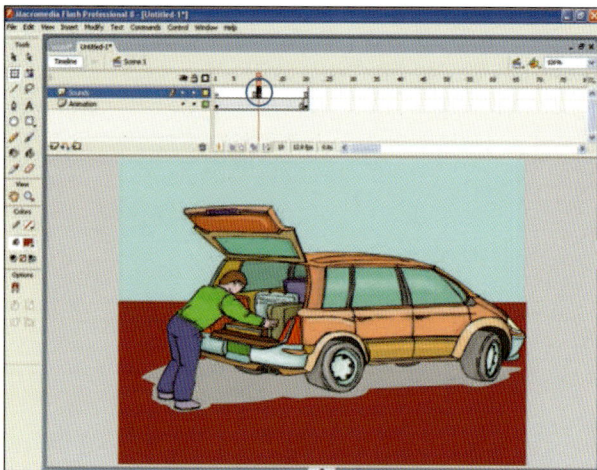

图9.7 在你想要由此播放声音的帧上创建一个关键帧。

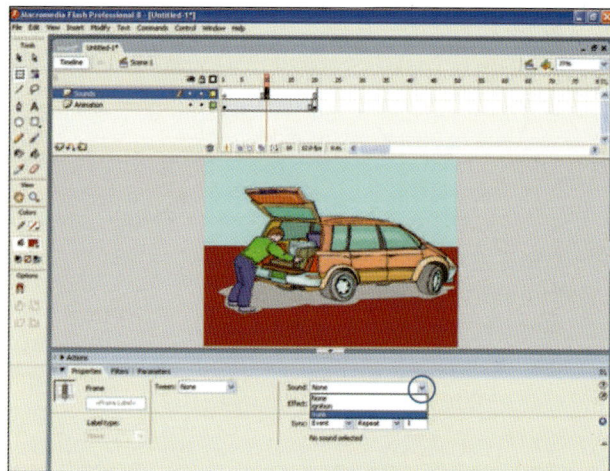

图9.8 从声音（Sound）下拉菜单上选择你想要导入到动画中的声音。

如果你在还没有为所插入的声音专门创建一个关键帧的情况下试图插入一种声音，该声音应该被插入到动画最开始的关键帧上，或是被插入到最后一个关键帧上，这取决于哪一个关键帧距你想要插入声音的帧较近。比如说，你在第十个帧和第二十个帧上各有一个关键帧，如果你想试图在第十七个帧上插入一种声音，该声音会在第二十个帧上开始播放，因为它是距离最近的一个关键帧。

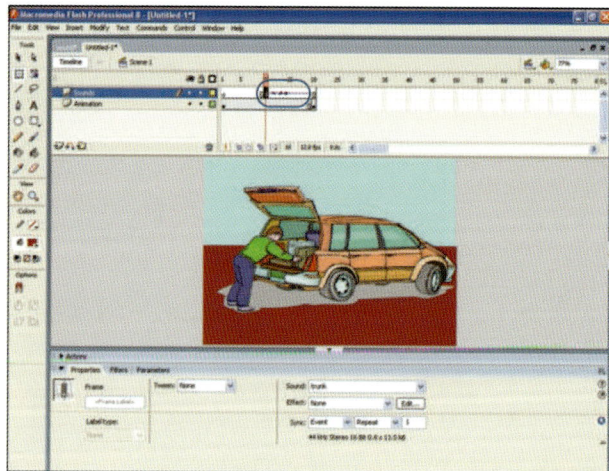

图9.9 声音由你所制作的关键帧开始播放。

实例练习（Now you try）

现在，花费几分钟来制作一部其中有一个角色在说话的动画以将你在本章中已经学到的知识运用到其中。

1. 制作一张由4个帧组成的动画，在动画中的第一个帧和第二个帧上，角色的嘴巴是没有张开的，而在第三个帧和第四个帧上，嘴巴是部分张开的，如图9.10所示。
2. 将以上所说的4个帧复制、粘贴几次，这样，在播放动画的时候，该角色看起来就像在说话，因为其嘴巴是一张一合的。
3. 使用任意一种录音机（Sound recorder），比如窗口录音机（Window sound recorder），将一个人所发出的声音给录下来，比如说："您好！我叫••••••"（名字你可以自己选择）。
4. 将刚刚录下的声音配到你的动画之中。

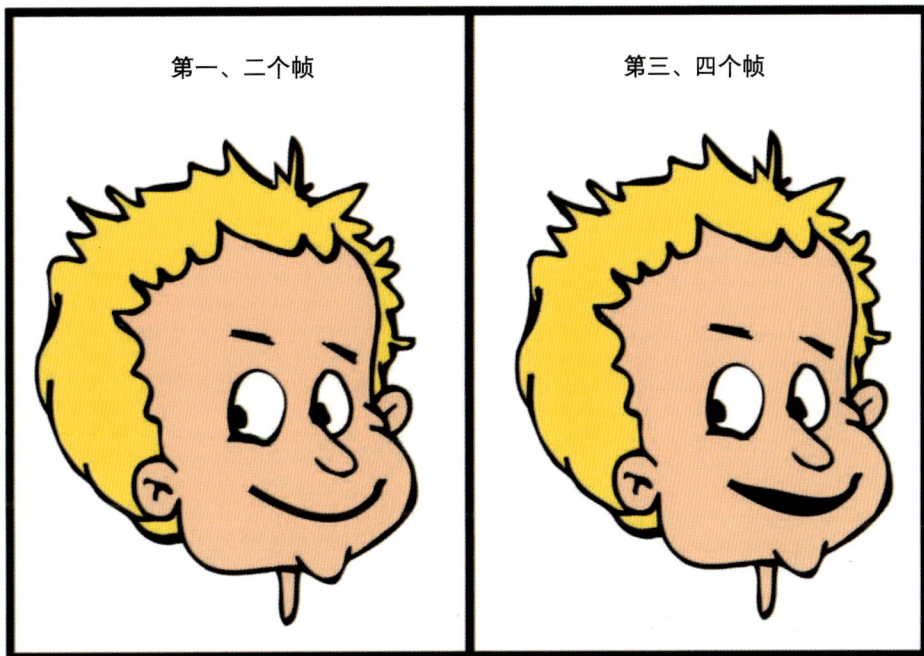

图9.10 制作一个动画角色，嘴巴先张后合，然后在其中插入一些对话。

添加音响效果（Adding sound effects）

　　每当提到音响效果的时候，我总会想起电影《星球大战》(Star wars)，其中有那么了不起的音响效果——爆裂声、外星人的声音、爆炸声以及光剑声等等。Flash中的音响效果当然没法和它们相提并论，这里所说的音响效果只是赋予你一些在选择播放导入声音方式上的小小权力。不过幸运的是，你除了可以从预设转场效果(Pre-set effects)中做选择之外，还可以创建你自己想要的效果。在本小节中，我先从预先设置好的效果谈起，在下一个小节中再接着谈自定义效果（Custom effects）。

1. 如果属性察看器窗口还没有被打开，按Ctrl+F3键将其打开。
2. 在含有声音的时间轴上点击任意一个帧。
3. 在属性察看器窗口点击效果（Effect）下拉菜单并选中你认为最理想的效果，如图9.11所示。其中有以下几种选择：

◆ **无（None）**不要对这个选择项感到惊奇——选中该选项会删除你已经导入的任何一种效果。

◆ **左声道（Left channel）**如果你想让声音只从电脑的左扬声器（left speaker）中播放出来，请选择该选项。

◆ **右声道（Right channel）**如果你想让声音只从电脑的右扬声器（right speaker）中播放出来，请选择该选项。

◆ **由左到右（Fade left to right）**选择这个选项，声音会从左扬声器开始播放，然后左扬声器中的音量开始慢慢减弱时，右扬声器中的音量开始增大。

◆ **由右到左（Fade right to left）**选择这个选项，声音会从右扬声器开始播放，然后右扬声器中的音量开始慢慢减弱时，左扬声器中的音量开始增大。

◆ **淡入（Fade in）**如果你选择这个选项，音量将由零开始，然后慢慢增加到正常的高度。

◆ **淡出（Fade out）**如果你选择这个选项，音量将由正常的高度开始，然后慢慢降低到零。

◆ **自定义（Custom）**通过这个选项，你可以调整某种声音淡入和淡出的速度并决定它由哪一个扬声器播放。

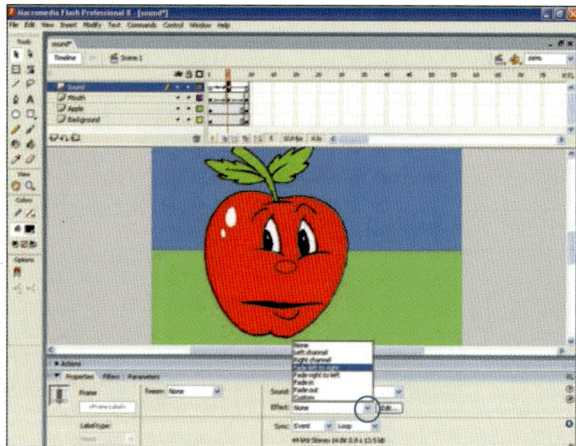

图9.11 从效果（Effect）下拉菜单中选择任意一个音响效果（Sound-effects）选项。

制作自定义效果（Creating custom effects）

在上个小节中，你已经学过如何从预设转场效果(Pre-sets effects)列表中选中一种音响效果，在本小节中，你将学到的是如何制作自己的想要的音响效果。

1. 如果属性察看器窗口还没有被打开，按Ctrl+F3键将其打开。

2. 点击任意一个里面含有某种声音的帧。

3. 在属性察看器窗口点击编辑（Edit）按钮以打开编辑封装线（Edit envelope）对话框。位于编辑封装线对话框的顶部窗格（Top pane）和底部窗格（Bottom pane）分别控制左声道（Left channel）和右声道（Right channel）。

4. 将鼠标指针定位在位于顶部窗格左上角的白色框（White box）上，点击并将其向下拖动以调整左声道的音量，如图9.12所示。

5. 在底部窗格处重复前面的步骤4以调整右声道(Right channel)的音量。

6. 如果需要的话，你可以在文件的不同的位置同时控制左、右声道的音量。要想达到这样的效果，首先将鼠标指针定位在编辑封装线对话框的任意一个窗格的音量线(Volume line)的任意位置上，点击并向上或向下拖动以增高或降低音量以到达你理想的效果。在音量线的不同位置上，重复这一步骤，如图9.13所示，然后点击OK。

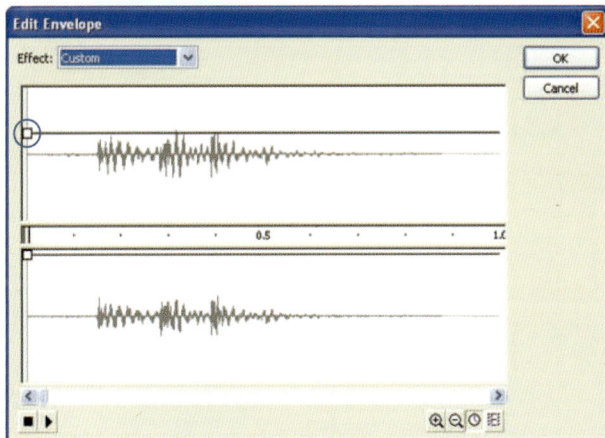

图9.12 点击并上下拖动白色框以调整左声道的音量。

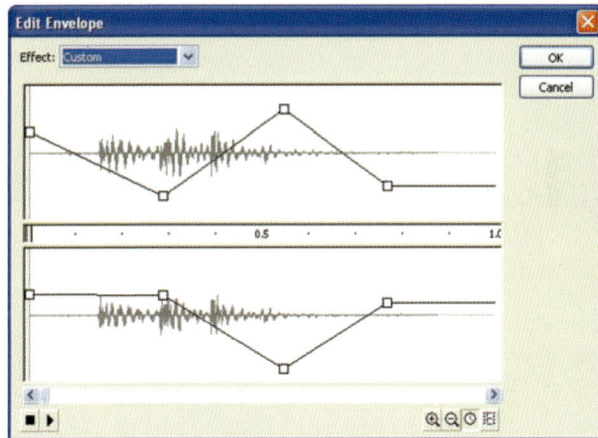

图9.13 在音量线的不同的位置上点击并上下拖动，以增高或降低音量。

设置声音按钮（Configuring buttons for sound）

　　如果你想制作交互式Flash动画，通过设置按钮可以帮你解决这个问题。你可以将声音指定在某个按钮里，一旦你点击该按钮，声音就开始播放。在本小节中，你将具体学习如何做到这一点——创建一个按钮，然后将声音导入到其中。

　　要创建一个按钮，你首先要制作一个物体，因为你想将该物体当按钮使用，然后将该物体转换成一个元件（Symbol），这个元件你可以反复地使用，以下就是其具体的操作步骤：

1．　制作一个你想要将其当作按钮使用的物体，然后将其选中。

2．　在该物体被选中的状态下，按F8键来打开转换为元件（Convert to symbol）对话框。

3．　在名字栏（Name field）中，键入你为该按钮所起的名字，任何名字都行。

4．　点击按钮选项（Button option），如图9.14所示，然后点击OK。现在，你已经创建了一个能够将声音配到其中的按钮。

5．　按Ctrl+L键来打开库（Library），该库是你所创建的元件的存储地点。现在，你应该能够看到你刚刚创建的按钮已经被列入库窗口（Library window）了。

图9.14　选中按钮选项（Button option）并点击OK。

　　在你创建了可以当按钮使用的物体后，现在该将声音配到其中了。你可以使用被导入到Flash中的任何一种声音；如果你还没有导入你想要使用的声音也没关系，你现在只需花几分钟的时间来完成它就行了【你可以参考在本章前面所学过的"在动画中引入声音和音乐（Importing sounds and music）"】。然后，按以下步骤操作：

1．　在库窗口（Library window）右击你所创建的按钮的名称并从弹出的菜单中选择编辑（Edit）图标，如图9.15所示。

2．　看一下时间轴，你会发现在其顶部有4个词，分别为：按钮弹起状态（Up）、指针划过状态（Over）、按钮按下状态（Down）和单击有效区域（Hit）。上面的每个词分别代表了一种按钮所处的状态：

◆　**按钮弹起状态（UP）** 这个词所表示按钮尚未被点击的状态，而且此时的鼠标指针并不在它上方，即在远离它的位置。

图9.15　右击按钮名称并从弹出的菜单中选中编辑图标。

◆ **指针划过状态**（Over）这个词表示鼠标指针位于按钮上方，但没有按下鼠标键时的状态。

◆ **按钮按下状态**（Down）这个词表示按钮被点击的状态。

◆ **单击有效区域**（Hit）这个词表示单击帧从而定义鼠标有效的单击区域的状态。这个状态永远都不会被用户看到。但是点击它的时候，它就定义了鼠标有效的单击区域。

你创建的每一个按钮都具有以上四种状态，你可以改变每一态下按钮的属性，比如，你通过改变按钮的属性可以达到这样一种效果，即当按钮位于鼠标指针划过（Over）的状态时，按钮的颜色会有所变化。你也可以像我在本小节中所举的例子一样，通过改变按钮的属性来达到这样一种效果，即当你点击按钮的时候，事先导入的声音就会播放（也就是说，此时你的按钮处于按下状态）。开始时，右击位于时间轴上的按钮按下状态下方的帧并从弹出的菜单中选中插入关键帧(Insert keyframe)图标，如图9.16所示。此时，在该帧上会出现一个圆点，它表明你已经制作了一个关键帧。

3．按Ctrl+F3键打开属性察看器窗口。

4．在位于属性察看器窗口中的声音（Sound）下拉菜单中选中你所想要的声音，如图9.17所示。此时，声音会被配到按钮的鼠标按下状态（Down）中。你再点击按钮的时候，声音就会播放了。

5．在时间轴的顶部点击场景1链接（Scene 1 link）以返回到正常的编辑模式（见图9.18）。

6．按Ctrl+Enter键预览Flash。

7．点击你所创建的按钮来聆听你已经导入的声音。

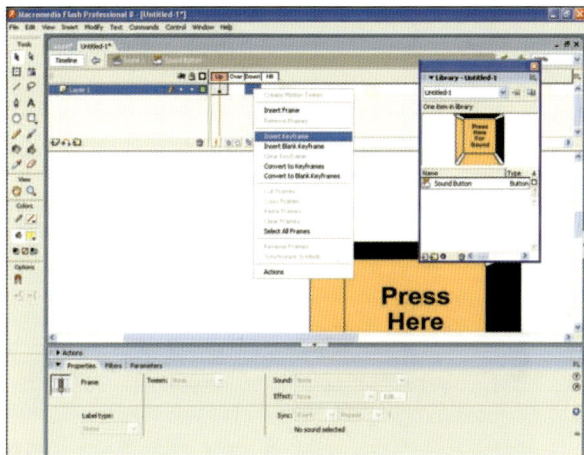

图9.16 在按钮按下状态（Down）下方制作一个关键帧。

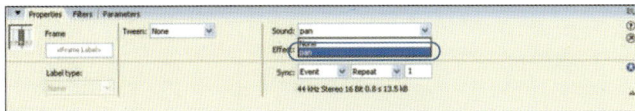

图9.17 从声音（Sound）下拉菜单中选择一种声音。

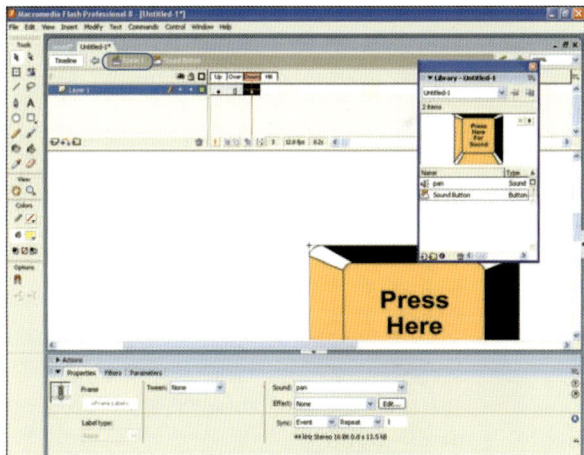

图9.18 点击场景1链接退出按钮编辑模式。

压缩你所导入的声音（Compressing your sound）

　　将声音导入到Flash动画中的一大缺点是：有些声音文件所占的空间可能会很大，尤其是MP3声音文件。如果你只是在你自己的电脑上欣赏自己制作的动画，这当然不是问题，但是，如果你计划将其传送给他人或是将其放到某一个网站上，你就需要压缩声音文件。压缩步骤可在输出声音文件的过程中完成。请参考以下步骤：

1. 打开文件菜单（File menu），选择输出(Export)标志并选中输出电影（Export movie）图标以打开输出电影对话框。

2. 在文件名（File name）区，为你所制作的动画电影键入一个名称。

3. 打开保存类型（Save as type）下拉菜单并选择Flash电影（.swf）图标，如图9.19所示。（SWF是系统默认的输出文件格式，只要配有互联网浏览器Flash插件的电脑，一般都有SWF文件。）

4. 点击保存（Save）按钮。

5. 在输出Flash播放器（Export flash player）对话框中，如图9.20所示，点击紧挨着音频事件（Audio event）或是音频流(Audio stream)的设置（Set）按钮。【根据你所制作的动画中是否包含流音频（Streaming audio）、音频事件（Audio events）或是两者都有等具体情况，来点击相应的选项。如果你的动画中具有以上两种类型的音频，你需要为每一种类型，重复当前步骤及下面的步骤6中的操作。】

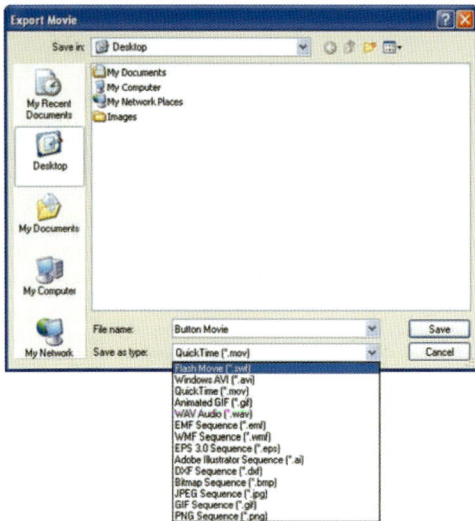

图9.19 在你输出文件时，你可以选择多种输出格式。　　　　　　　　图9.20 在本对话框中点击设置(Set)按钮以改变对音频的设置。

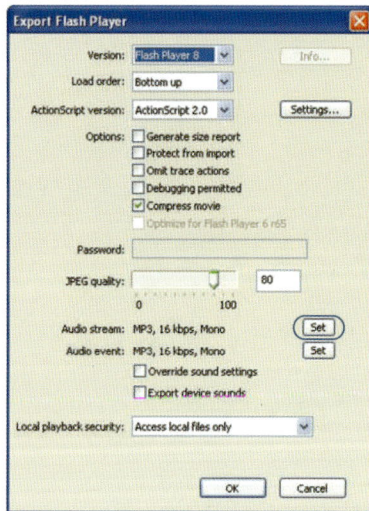

6. 在打开的声音设置（Sound settings）对话框中，打开压缩
（Compression）下拉菜单并从弹出的选项中选中一个，
如图9.21所示，菜单中的选择项包括以下四种不同的声音
压缩格式：

◆ **ADPCM格式** 如果在你所制作的动画中有短的音频事件时，
请选择这个选项。它仅适用于8位元或16位元的音频文件。

◆ **MP3格式** 此类压缩格式适用于较长的音频文件。

◆ **RAW格式** 如果你选择了该选项，你就不能够压缩你的音
频文件了。

◆ **Speech格式** 此类压缩格式最适用于含有大量对话的动画。

7. 基于你在步骤6中所选中的选项，此时，有几个有关位传输速率（Bit rate）和采样速率（Sample rate）的选项会出现在你的眼
前。一般来说，你所选择的速率越低，文件所占的空间也就越小，但同时音质也就越差。因此，应该为你的音频选择一个合
适的速率并点击OK。

8, 在输出Flash播放器对话框里点击OK以输出你所制作的动画电影。

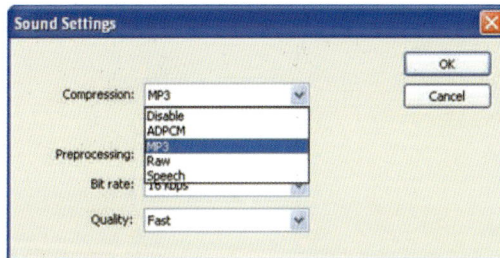

图**9.21** 选择压缩方式。

9. Tunes for Your 'Toons

153

第十章
超酷的Flash效果

能够在高尔夫俱乐部里挥几杆儿，并不代表你就能够成为老虎•伍兹式的传奇人物；能够在学校的体育馆中灌几次篮，并不代表你就能够让狂热的球迷们一块儿来找你签名；能够在美式夺旗橄榄球比赛中触地得分，并不能够保证你马上就可以加入到美式足球名人堂之列。在这里我要说的是只掌握一些基础的知识是远远不够的，它并不足以使你成为一位专业人士。

同样，这个道理也适用于Flash制作，因为每一个人都可以和你一样拥有这本书，并且学到里面有关制作动画的基础知识。专业人士和业余爱好者的区别在于实践的积累，专业人士能够结合并运用其所学到的基础知识来制作出非凡的动画效果。本章将通过向你展示如何制作出一些非常流行的、超酷的、不同寻常的Flash效果来助你快速提高自己的综合水平。有些内容相对来说比较简单，而还有一部份是需要下点工夫学的。一旦你学会了如何创作出这些效果，就能够制作出具有你自己独特风格的动画。

鬼打字（Ghost typing）

除非你看到过它的重播，否则你是不可能记得电视节目《天才小医生》（Doogie Howser M.D.）的，因为该节目播放的时候，你还太小。它讲述的是一个天才小男孩的冒险故事，尼尔•帕特里克•哈里斯在剧中扮演了这位16岁的医生。在每一场戏结束的时候，他都会通过往电脑日记中键入一个词条来总结他所学到的东西，在他打字的时候，观众能够看见屏幕上出现的文字。

让文字出现在屏幕上就如同鬼在打字一般让观众们感到很好奇，这种超酷的效果你也可以在你所制作的Flash动画中将其重新展示出来。事实上，这种效果是很容易制作出来的，以下就是其具体的操作步骤：

1. 开始时，制作一个新的Flash文件。

2. 选中文字工具（Text tool）并在场景舞台区上点击你要键入文字的地方。

3. 设置文字的属性，包括字体、字号以及颜色，按Ctrl+F3键来打开属性察看器窗口（Property inspector）并在你需要的时候调整这些设置。

4. 在你将所有的文字都"键入"到你所制作的动画中以后，再键入你想要在屏幕上出现的完整的短语。在本例中，我键入了这样一个短语："鬼打字超酷"，并在其末尾处加上下划线，如图10.1所示。【这个下划线将作为你动画中的游标（cursor）使用。】

5. 在时间轴上，点击并拖动鼠标以选中第一至五十个帧。

6. 右击你所选中的任意一个帧并从弹出的菜单中选择转换成关键帧（Convert to keyframes）图标，如图10.2所示。现在，所有被选中的帧都变成了关键帧，同时也都含有你在第4个步骤中所键入的短语

7. 在时间轴上点击第一个帧以将其选中。

8. 使用文字工具(Text tool)，点击并拖动鼠标以选中该短语，注意要从第二个字母开始拖动，一直到最后一个字母，如图10.3所示，不要选中下划线。

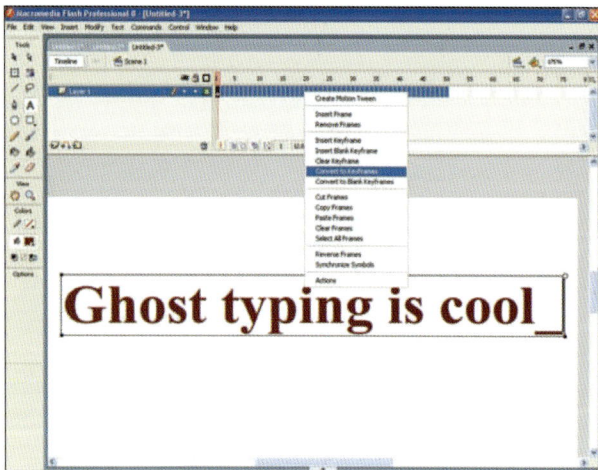

图10.1 在文字的末尾处加上下划线。

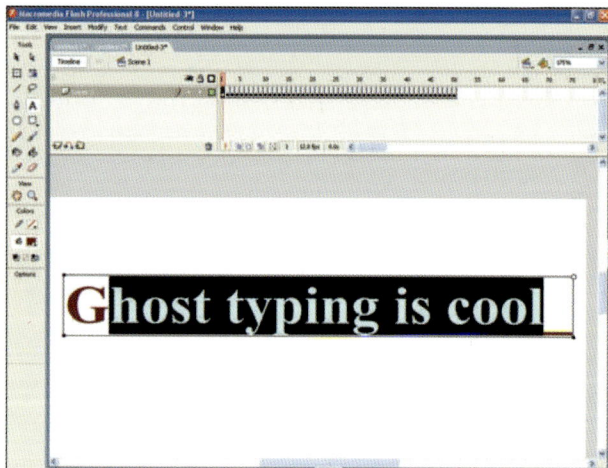

图10.2 将所有被选中的帧都转换成关键帧。

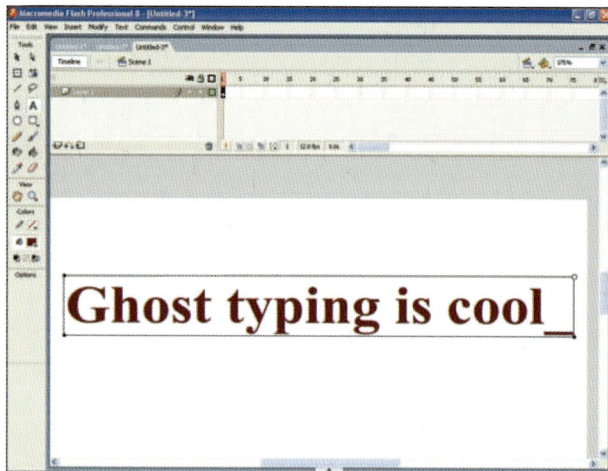

图10.3 选中所键入的文字，除了第一个字母和最后的下划线之外。

9. 在键盘上点击删除键（Delete），这样页面上就只剩下第一个字母和下划线了，如图10.4所示。

10. 点击第二个帧，并用文字工具(Text tool)删除所有的文字，除了前两个字母及下划线之外。

11. 在下面的帧上依次重复直到完整的短语出现为止。以下就是后面各个帧上面应该出现的文字形式：

第一个帧：G_

第二个帧：Gh_

第三个帧：Gho_

第四个帧：Ghos_

第五个帧：Ghost_

第六个帧：Ghost _ （注意该词后面应有的空格）

第七个帧：Ghost t_

这样依次往下直到第二十一个帧为止，那时该帧上将出现完整的短语。

12. 按回车键（Enter）播放你所制作的动画。此时，一个个字母会神奇地出现在屏幕上，就如同有幽灵在操纵键盘一般。

你究竟需要多少个帧才能让短语完整地出现在屏幕上呢？这要根据你所键入的短语的字数和字母数来定。在本例中用了21个帧，这是因为该短语一共有18个字母、在词与词之间有2个空格、短语后面有1个下划线，所以一共用了21个帧。

图10.4 删除所选中的文字，这样剩下的就只有第一个字母和下划线了。

实例练习（Now you try）

你刚刚制作的动画中应该有大量剩余的关键帧，因为你一共创建了50个，而只用了21个。在上面的整个过程结束的时候，即完整的短语已经在屏幕上出现的时候，让我们利用剩下的关键帧让光标（cursor）再次在10个帧上闪烁一遍吧，你可以将单词"cool"（超酷的）一个字母接着一个字母地删去，然后用单词"neat"（干净的）补到其原来位置。自己试一试，如果你碰到困难的地方，按照以下的步骤操作就行了：

1. 点击第二十二个帧以将其选中。

2. 利用文字工具（Text tool）将下划线选中，然后按删除键(Delete)来将其删除，如图10.5所示。

3. 分别在第二十四、第二十六、第二十八及第三十个帧上重复上面的步骤2，以在播放动画的时候，制作出一个闪烁着的光标的效果。

4. 点击第三十一个帧以将其选中。

5. 利用文字工具（Text tool）选中并删除单词"cool"中的字母"l"，如图10.6所示。（要确定只选中字母"l"而不包括下划线。）。

6. 在第三十二个至第三十四个帧之间重复上面的步骤5，在每一个帧上将单词"cool"中的字母依次多移走一个，以下就是后面各个帧上面应该出现的文字形式：

　　第三十一个帧：Ghost typing is coo_

　　第三十二个帧：Ghost typing is co_

　　第三十三个帧：Ghost typing is c_

　　第三十四个帧：Ghost typing is _

7. 点击第三十五个帧以将其选中。

8. 使用文字工具（Text tool）用字母"n"取代单词"cool"，如图10.7所示。

9. 在第三十六个至第三十八个帧之间，用单词"neat"的剩余字母代替单词"cool"，如图10.8所示。

10. 现在你所制作的动画已经完成了，但你仍余下12个帧。要想将其删除，请在时间轴上点击并拖动鼠标以选中第三十九个至第五十个帧，在被选中的帧上，右击任意一个位置，并从弹出的菜单中选择删除帧（Remove frames）图标。

11. 按回车键（Enter）来预览你所制作的动画。

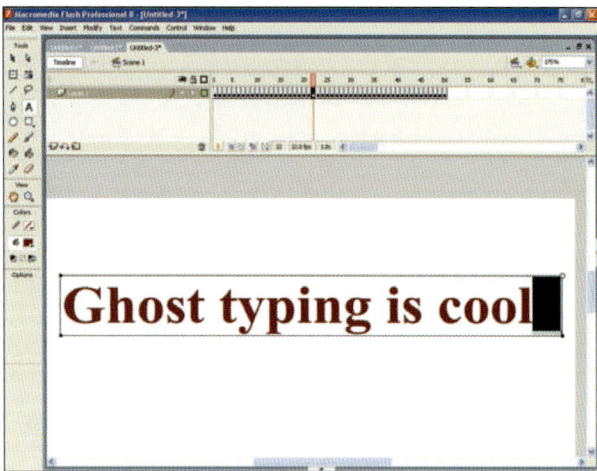

图10.5 在第二十二个至第三十个帧之间，依次每隔一个帧都将其上面的下划线选中并将其删除，以制作出一个闪烁着的光标的效果。

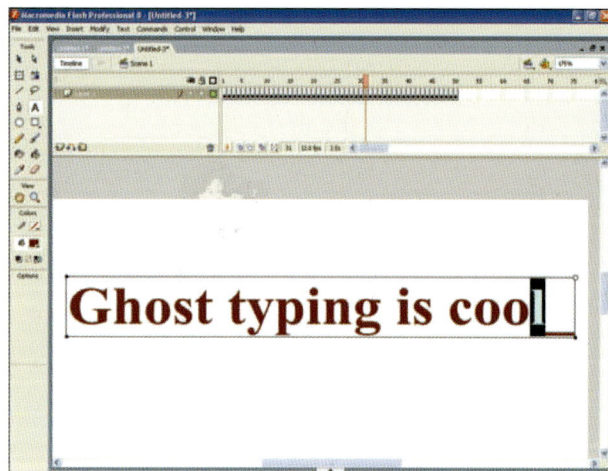

图10.6 将"cool"中的"l"删除，但要保留下划线。

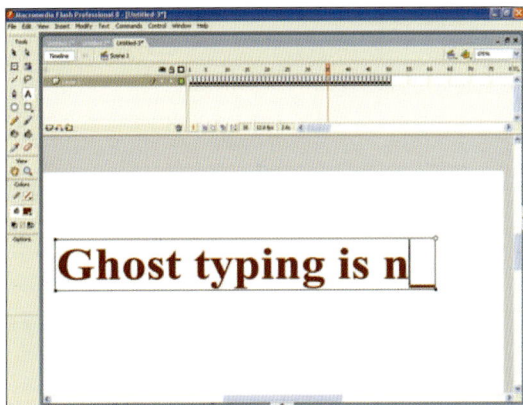

图10.7 在第三十五个帧上，用字母"n"取代单词"cool"。

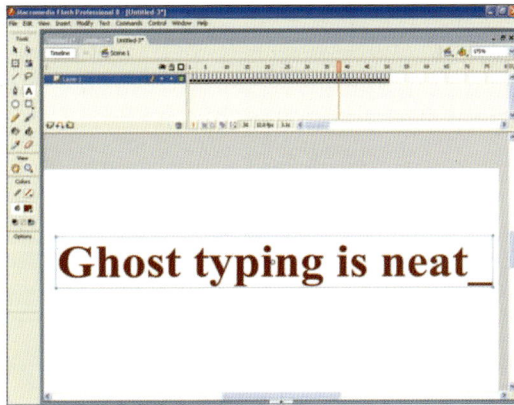

图10.8 依次在每一个帧上多添加一个字母，直到单词"neat"被完整地拼写出来。

淡入、淡出（Fading in and out）

在电影《星际迷航》中，当里面的角色成功地脱离险境的时候，他们会步入运输机中，然后他们的身体会淡出，之后再淡入到某个新的地方，你知道这些效果是如何做出来的吗？事实上，你也可以用动画中的物体来制作出同样的效果。想要学会如何制作，我们先来创建一个外星人，一会儿，我们会让它从场景舞台区的一侧淡出，然后再让它从场景舞台区的另一侧淡入。该外星人是由许多个不同的部分组成的，这就意味着你有两个选择，一个选择是将外星人的每一个身体部位都分别放在各自的分隔层上，然后，分别让每一个部分先淡出，然后再淡入，以制作出一个比较完美的淡入、淡出过程；另一个选择是，让所有的部分一起淡出，这样看上去不是那么自然，但会制作出一种超酷的效果，外星人身体的一部分会出现飞的感觉。这个例子走的是上面我们所学的有关"cool"的操作路线。开始时，在外星人自己的图层上，制作一个外星人背景画面，然后在该图层的第二十个帧上创建一个关键帧，这样背景画面就将出现在所有的这20个帧上，然后，按以下的步骤操作：

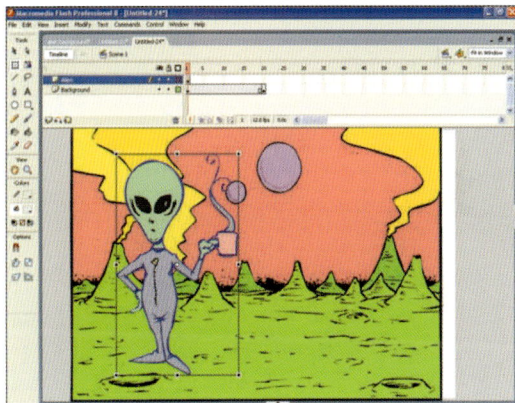

图10.9 在一个分隔层上创建一个角色形象。

1. 创建或是导入一个角色以让其在自己的图层上淡入、淡出，如图10.9所示。别忘了给该角色的图层加上一个描述性的名称，在此，我选择将其命名为"外星人"。

2. 选中该角色图形，在外星人图层上右击第十个帧并从弹出的菜单中选中插入关键帧（Insert keyframe）图标。此时，外星人会出现在前10个帧上。

3. 点击选中外星人图层上的第一个帧。

4. 按Ctrl+F3键将属性察看器窗口打开。

5. 在渐变动画（Tween）下拉菜单中选择形状（Shape）图标，如图10.10所示。

> 形状渐变动画（Shape tween）选项不会对分类的物体产生任何作用。

6. 点击选中外星人图层上第十个帧。

7. 按 Shift+F9 键打开位于屏幕右侧的混色器（Color mixer）。

8. 在透明度区（Alpha field）键入 0，然后按回车键（Enter）。根据你所创建的角色的版面设计（Makeup），你可能仍然会看到一个该角色的单色填充面板（Solid fill），如图 10.11 所示，要不就是什么也看不到。无论出现哪一种情况，在动画播放到第十个帧的时候，该角色都会完全消失。

9. 按Shift+F9键关掉混色器。

10. 点击第一个帧，然后，按回车键（Enter）来播放你所制作的动画。根据构成角色的物体的数量，该图形可能会均匀地淡出，或在它们淡出的过程中，某些部分有可能会飞走。无论怎样，你已经取得了梦寐以求的效果。

11. 现在，该让角色返回到淡入状态了。你只需将现有的帧简单地复制一下，然后将其颠倒过来就行了。开始时，点击并拖动鼠标以选中位于外星人图层上的第一个到第十个帧。

12. 在被选中的帧上，点击任意一个地方并从弹出的菜单中选择复制帧（Copy frames）图标，如图10.12所示。

13. 右击第十一个帧并从弹出的菜单中选中粘贴帧（Paste frames）图标。

14. 点击并拖动鼠标以选中位于外星人图层上的第十一个到第二十个你刚刚粘贴的帧。

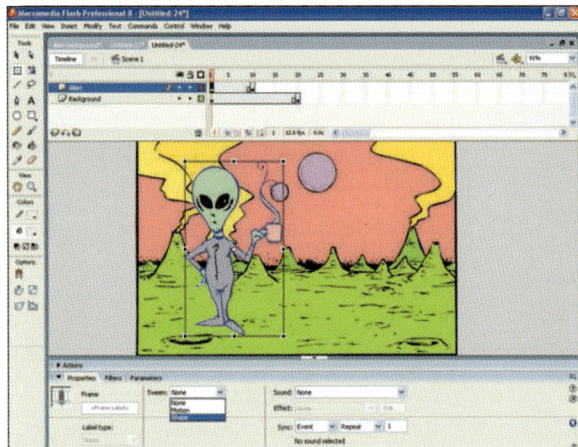

图10.10 将一个形状渐变动画用到你做的角色中。

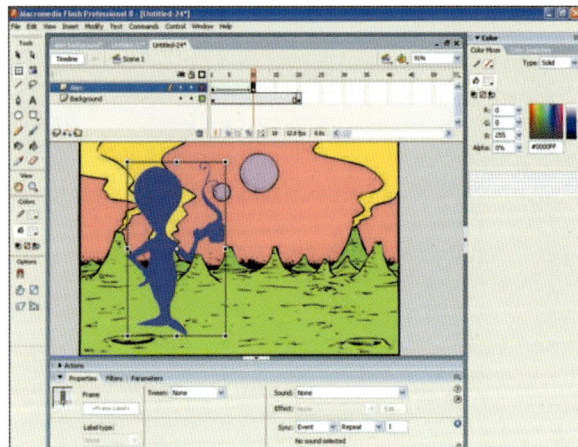

图10.11 将你设计的角色的透明度设为零。

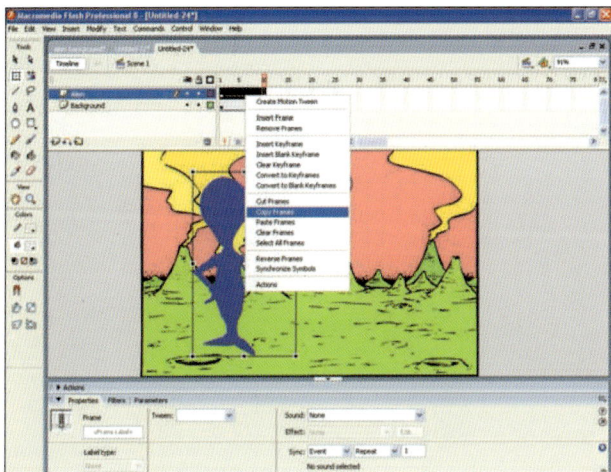

图10.12 复制所选择的帧。

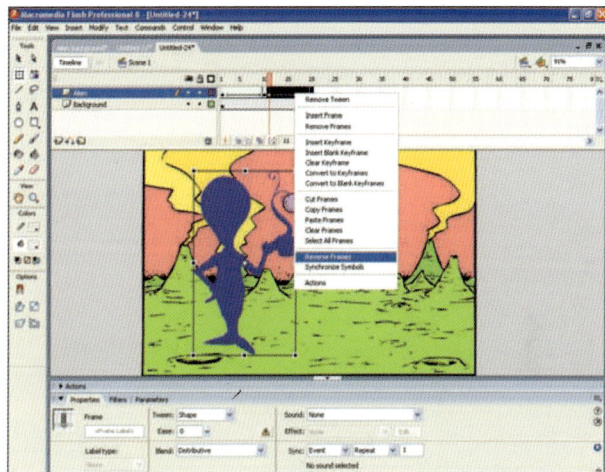

图10.13 从出现的菜单中选中翻转帧（Reverse frames）图标。

15. 右击你所选中的帧并从弹出的菜单中选择翻转帧图标，如图10.13所示。这样你所粘贴的帧的顺序就被颠倒了，它们不再处于淡出状态，而是处于淡入状态。

16. 播放你所制作的动画，你现在看到的是角色先淡出，然后又淡入——但到现在为止，它还没有按我们所想的那样在淡出和淡入的过程中分别处于画面中的不同位置。要想让外星人从屏幕的左侧淡出，从屏幕的右侧淡入，你还需要完成以下的几个步骤。

17. 点击选中外星人图层上第十一个帧。

18. 利用选择工具（Selection tool）将角色移到场景舞台区的右侧。

19. 现在，你需要在第二十个帧上移动该角色图形，移动的位置和其在第十一个帧上的位置相同。要做到这点，你可以使用洋葱皮功能（Onion skin feature），开始时，点击选中外星人图层上第二十个帧。

20. 在时间轴上（Timeline）点击洋葱皮轮廓线按钮。

21. 点击并将开始洋葱皮标记(Start onion skin marker)拖动到位于时间轴的第十一个帧上，你会看到一连串的轮廓线，如图10.14所示。

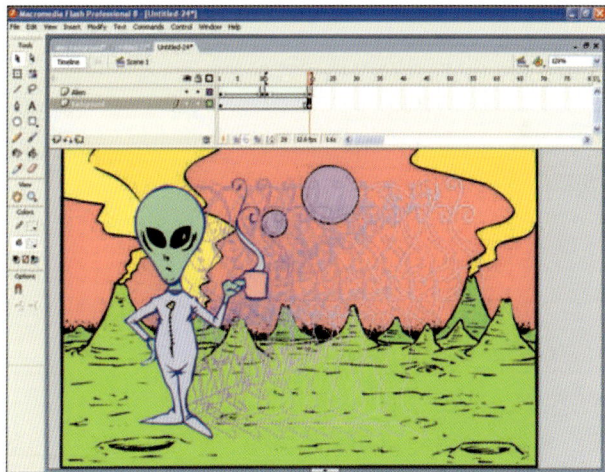

图10.14 打开洋葱皮轮廓线功能（Onion skin outlines feature）并将开始洋葱皮标记（Start onion skin marker）移到第十一个帧上。

22. 使用选择工具(Selection tool)，将角色定位在第二十个帧上，这样它就能够和最右侧的洋葱皮轮廓线(Onion skin outline)很完美搭配在一起，如图10.15所示。

23. 关掉洋葱皮功能 (Onion skin feature)，然后播放你所制作的动画。你看到的是角色先淡出（根据你的版面设计，某些部分在淡出的时候，可能会飞出去），然后再淡入或者说是飞入到屏幕的另一侧。

实例练习（*Now you try*）

在你刚刚制作的动画中，外星人先淡出，然后会立即淡入。现在，试着再重新设计一下该动画，在外星人淡出和淡入之间加上几秒钟的停顿时间，如果你觉得制作起来有困难，请按以下的步骤操作：

1. 点击选中第十个帧，在播放动画的时候，外星人会在这个帧上完全淡出。

2. 按5次F5键以插入5个帧，这样，在外星人淡入之前，就会出现一个短短的停顿。

使用特别近距离摄影（Extreme close-up）

特别近距离摄影会制作出这样一种效果：在场景舞台区中将某一个具体的物体的画面放大 (Zoom into)。你只需花上几分钟时间就能制作出这样的超酷效果，以下就是具体的操作步骤：

> 到目前为止，你已经使用了自己创建的或是导入到动画中的矢量对象，本例中用到的是图片，当然，你可以选择任何类型的物体。

1. 制作一个新的Flash文件。

2. 按 Ctrl+R 键来打开导入对话框(Import dialog box)，如图 10.16 所示。

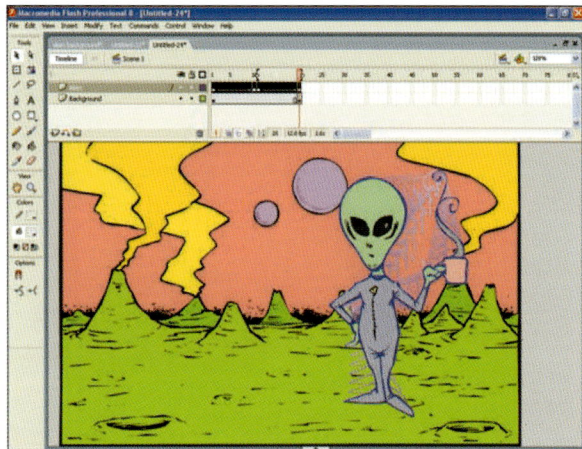

图10.15 将角色定位与最右侧的轮廓线吻合。

图10.16 选中图片导入。

162

3. 定位并选中你所导入的图片。我已经从Windows系统的样品图片文件夹（Windows' sample pictures folder）中选了一张图片，如果你正用的是Windows XP系统(微软公司推出的一种操作系统)，你也能找到这些图片。

4. 点击打开（Open）按钮，该图片就被导入进来，同时图片的大小也被重新调整以使其恰好适合场景舞台区的面积。

5. 右击第二十个帧并从弹出的菜单中选择插入关键帧（Insert keyframe），此时，你正在制作的关于该图片的动画是由20个帧组合而成。

6. 在第一个和第十九个帧之间，右击任意一个帧并从弹出的菜单中选择制作运动渐变动画（Create motion tween）图标，这时，在第一个到第二十个帧之间的时间轴上应该会出现一个箭头。

7. 点击并选中第二十个帧。

8. 在屏幕右上角的缩放下拉菜单中选择25%，如图10.17所示。

9. 利用任意变形工具，将鼠标指针定位在这张图片周围的任意一个角手柄处，然后，按住Shift键以不让图片移动，点击并将其向外拖动。在图片预览中，如果这张图片占据了屏幕的大部分空间，请将鼠标松开，如图10.18所示。

10. 按Ctrl+Enter键来预览动画，效果应该就是好像你正在将图片放大。

这看上去很神奇吧？事实上，之所以能达到这种效果，是因为在你播放动画的时候，观众所看到的仅仅是场景舞台区上所发生的变化——在你放大图片的时候，其外面的部分在场景舞台区上没有显示，所以观众就看不到。而运动渐变动画又使得该图片出现的时候就好像一个放大镜正在图片的中间将图片放大一样。

图10.17 为了看到完整的场景舞台区，将缩放数值设为25%。

图10.18 在你向外拖动鼠标的时候，已被改变了大小的照片的预览画面就会出现，在预览画面和上图一样大小的时候，将鼠标松开。

163

遮罩层效果（Masking）制作

到目前为止，我还没有谈到遮罩层效果的制作这一话题，但我想你肯定已经做好了学习这个超酷功能的准备，它可以帮你制作出一些非常有趣的效果。在你把一个遮罩层导入到某个图层的时候，它就会遮罩住位于该图层下面的那个图层，使得该图层不可见。你在这个遮罩层上所放的任何一种物体都将变为一个洞，通过这个洞，位于该洞下方的那个看不见的图层就能够将其一部分显现出来。是不是有点糊涂了？没关系，在我开始教你如何制作出神奇的遮罩层效果之前，我先介绍一下该如何制作并运用一个简单的遮罩层，这样你就可以对其有更好的理解了。我保证，一旦你掌握了遮罩层制作方法，你肯定会一遍又一遍地反复使用它的。

1. 制作一个新的Flash文件。

2. 按Ctrl+R键来打开导入对话框（Import dialog box）。

3. 点击并选中任意一张图片，和上一节一样，我也是从Windows系统的样品图片文件夹（Windows' sample pictures folder）中选了一张图片。

4. 点击打开（Open）按钮，此时，图片已被导入进来，同时其大小也被重新调整以使其恰好适合场景舞台区的大小。如果因为某种原因，该图片的大小没有被重新调整，你就需要用任意变形工具（Free transform tool）来将其调整过来。

5. 将包含有该图片的图层重新命名为"图片"，如图10.19所示，以便于你保存查找。

6. 点击插入图层（Insert layer）按钮制作一个新的图层，并将其命名为"我们的遮罩"。你将使用这个图层来遮罩住位于其下方的图片图层。

7. 在"我们的遮罩"图层上创建一个带有填充色的圆，如图10.20所示。这个圆的作用相当于一个洞，用在遮罩图层里面，可使位于其下方的图片图层的一部分显露出来。

8. 在时间轴的图层区，右击"我们的遮罩"图层并从弹出的菜单中选择遮罩（Mask）图标，如图10.21所示。现在，图片图层就被遮罩住了，除了你所创建的"洞"所处的位置之外。

9. 现在你会发现，在时间轴上的图层面板（Layers palette）中，一旦你引入一个遮罩层，在"我们的遮罩"图层和图片图层旁边的图标就会有所改变，这表明这个遮罩层已经被启用。同时，你会发现两个图层都被锁上了——这是有必要的的，以便遮罩效始显现。如果你想对场景舞台区中的物体进行修改，你必须要先将遮罩层解锁，点击位于图层面板中紧挨着"我们的遮罩"图层果开的锁（lock icon）图标就可以解锁了。

和前一节一样，本节也要使用一张图片来演示遮罩层效果，当然，你可以选用任何一种物体来重新制作出这种效果。

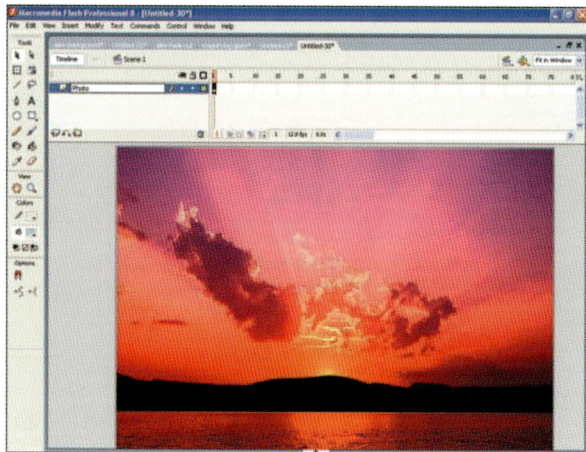

图10.19 将该图层重新命名为"图片"。

10. 现在，你就可以再一次看到那个圆和那张图片了。使用选择工具（Selection tool）将圆移动到场景舞台区中的一个新位置上，如图10.22所示。

11. 点击锁图标以重新锁住该图层。注意"洞"已被移动，并将图片图层的另一部分显露出来，如图10.23所示。

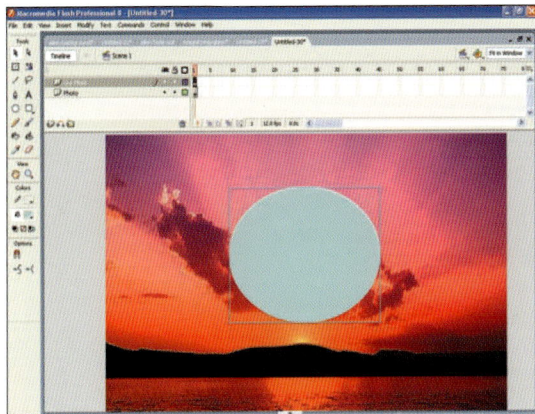

图10.20 在"我们的遮罩"图层上创建一个带有填充色的圆。

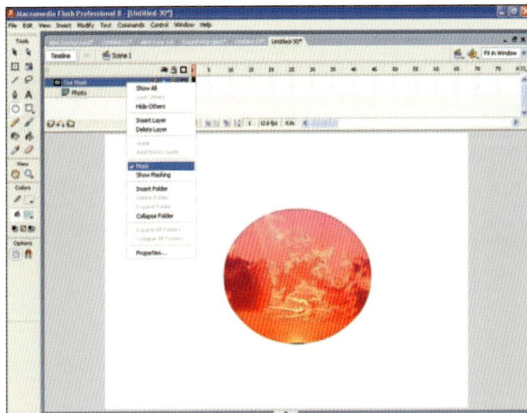

图10.21 创建一个遮罩层。

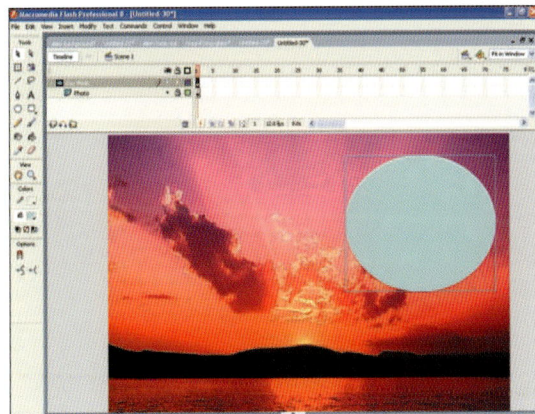

图10.22 将圆移动到一个新位置。

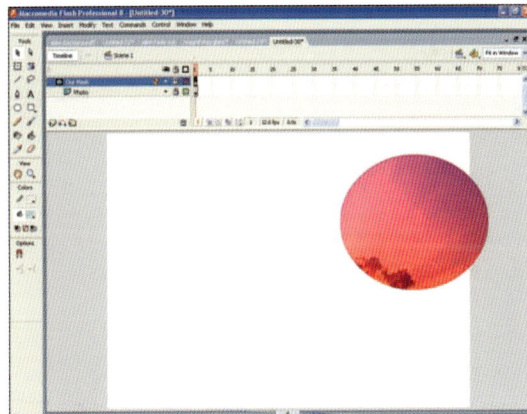

图10.23 在移动圆的同时，你也在变换着图片图层中可以显露出来的部分。

现在你也许在想如何能够把这种效果制作得更加激动人心呢？事实上，通过赋予你所创建的物体动感并将其作为洞来使用、改变洞的形状、改变其下方的图层，以上变化通过使用遮罩层让你制作出众多不同效果。你会在接下来的几节中发现一些这样的效果。

制作出放大镜效果（Magnifying glass effect）

通过对上一个小节中所学的有关遮罩技术的学习，你可以制作出一个放大镜在某个物体上方移动的效果。这个物体可以是你在Flash中创建的物体也可以是另一个你所导入的矢量图像或图片。在下面的例子中，我使用的是一张地图。

1. 在场景舞台区中创建一个物体并将含有该物体的图层命名为"正常尺寸"（Normal size）。
2. 选中该物体，并按Ctrl+C键将其复制下来。
3. 创建一个新的图层并将其命名为"放大尺寸"(Magnified)。
4. 在屏幕的右上角点击下拉菜单并选择50%以改变其缩放程度（Zoom level），如图10.24所示。
5. 按Ctrl+V键将物体粘贴到"放大尺寸"图层上。
6. 选中任意变形工具并将鼠标指针定位在该物体其中的一个角手点上，然后，按住Shift键，点击并将其向下拖动，直到该物体的大小几乎是其最初大小的两倍，如图10.25所示。
7. 制作一个新的图层，并将其命名为"放大镜"。

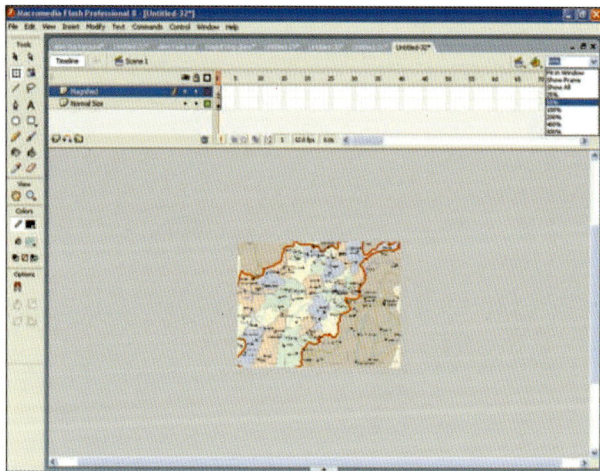

图10.24 将其缩放程度改为50%以便于观看。

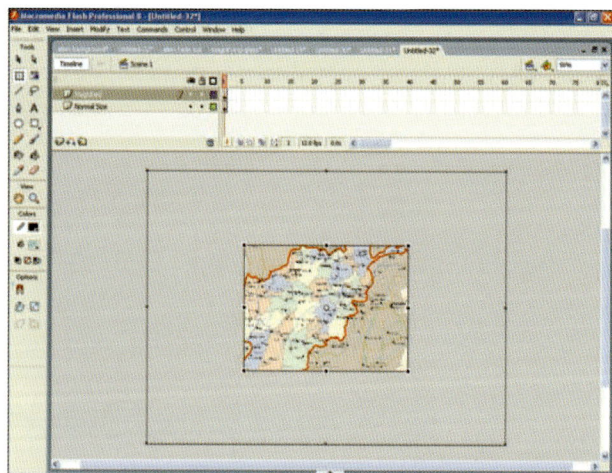

图10.25 "放大尺寸"图层上的物体的大小应该是其最初大小的两倍。

8. 将其缩放程度调回到100%，以便于客观地观看。

9. 在放大镜图层上创建一个具有黑色轮廓线和任意一种填充颜色的圆，如图10.26所示。在制作完遮罩之后，你要把这个圆作为放大镜来使用。

10. 右击放大镜图层并从弹出的菜单中选中遮罩（Mask）图标以预览一下放大镜的效果。你会发现，你创建圆的区域看上去被放大了，如图10.27所示。

11. 到目前为止，你已经创建了一个看上去像一个放大镜的遮罩图层，但你还没有将其变为动画。在接下来的几个步骤中，你要赋予放大镜以动感，这样它就会四处移动并将地图上的不同区域放大。开始时，右击"正常尺寸"图层上的第十个帧并从弹出的菜单中选择插入关键帧（Insert keyframe）。

12. 分别在"放大尺寸"图层和"放大镜"图层上重复上面的步骤11。此时，在第十个帧上，你应该有3个关键帧，如图10.28所示。

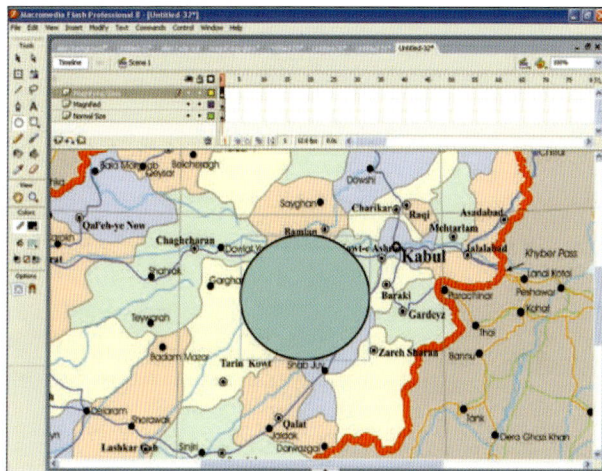

图10.26 在你制作完该遮罩图层之后，你要把这个圆作为放大镜来使用。

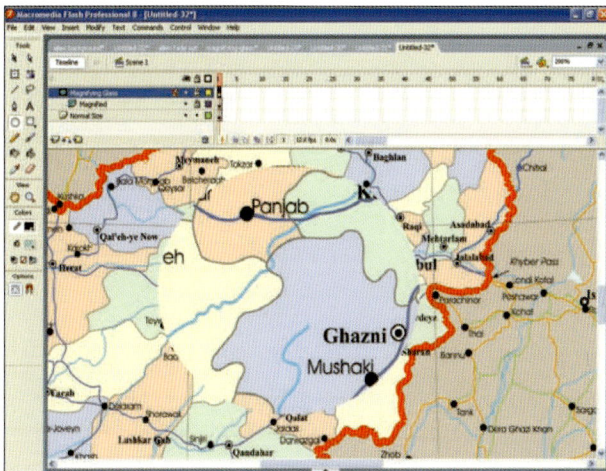

图10.27 你创建圆的区域看上去被放大了。

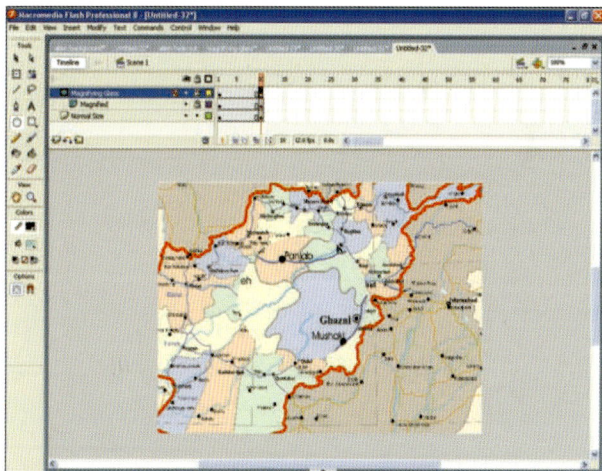

图10.28 分别在第十个帧的每一个图层上创建关键帧。

10. Cool Flash Effects

167

13. 点击位于第一个和第九个帧之间的放大镜图层上的任意一个帧并从弹出的菜单中选择制作运动渐变动画（Create motion tween）以将运动渐变动画运用到这个图层上。

14. 要想在这个图层上编辑运动渐变动画，你需要为该图层解锁。开始时，点击选中第十个帧。

15. 在"放大镜"图层上点击锁图标以将其解锁。现在你再次看到了作用相当于放大镜的圆和被放大的地图。

16. 使用选择工具将该圆移动到场景舞台区中的另一个位置，如图10.29所示。

17. 再一次点击锁图标将该图层重新锁住。

18. 按回车键（Enter）来播放动画。在播放的时候，放大镜会不停地移动，同时，被放大的位置也相应地在随之不停地变化。

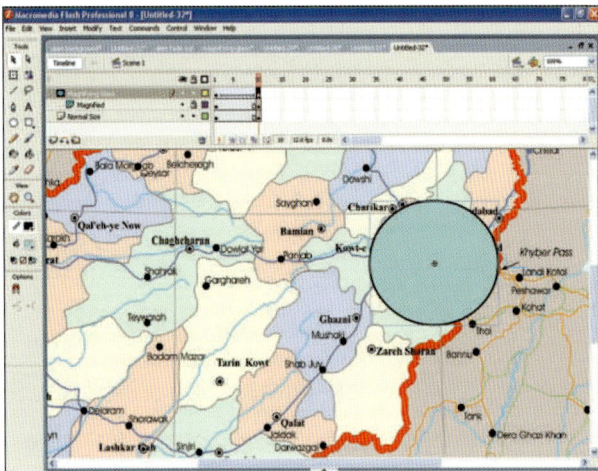

图10.29 将圆移动到一个新的位置。

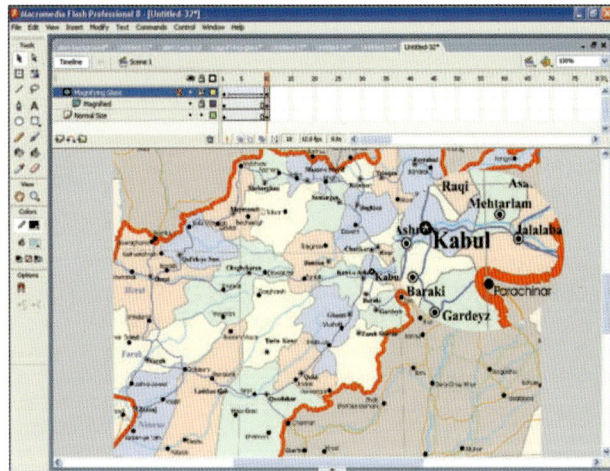

图10.30 随着圆的移动，被放大的位置也相应地在随之不停地变化。

改变颜色条（*Color bar*）

现在，你应该意识到在制作遮罩层的时候，你所需要做的就是创建一个有两种形式的图形，然后决定你想要在遮罩层中的哪个位置上创建洞并赋予其动感。在上个例子中，你所创建的洞显示了该图形被放大的区域；在本例子中，你不需要专门去设置一张图片从而为其创造出放大效果，你需要改变图片的颜色，这样在你所创建的洞从它上面过去的时候，图片上的相应部分就会改变颜色。当然，Flash并不是一个图片编辑器（Photo editor），因此，你还需要借助于其他的程序来改变图形的颜色。如果你正在使用的是Windows系统，你可以使用操作系统中的画图程序（Paint program），下面的前5个步骤就是对其的概述。如果你正在使用的是苹果电脑，你可以用照片编辑器来慢慢地改变某个图形的颜色，然后再从下面的第9个步骤开始。

1. 点击开始（Start）按钮并选择所有程序（All programs）图标，然后选中附件（Accessories）图标并选择画图（Paint）图标以在Windows操作系统中打开画图程序（Paint program）。
2. 打开文件菜单（File menu）并选择开始（Open）图标以选中"打开对话框"（Open dialog box），在该框中你可以选择一张图片。在本例中，我所选的是蓝色山脉，它来自于 Windows 系统，当然，你也可以选择你所喜爱的任何一张图片。
3. 选中图片，点击打开按钮。
4. 按Ctrl+I键改变图形的颜色，如图10.31所示。（如果你用的不是Windows系统或者你觉得使用其他的图形应用程序更方便些，你可以随意作出选择。）
5. 打开文件菜单并选择"另存为"（Save as）。
6. 在另存为对话框中，给该图形起一个新的名称并将其保存下来（我在该图形原有的文件名的后面加了个数字1，即"蓝色山脉1"）。
7. 点击保存(Save)按钮。
8. 关掉画图程序以返回到Flash中。
9. 在Flash中，按Ctrl+R键来打开导入对话框（Import dialog box）。
10. 选中在本例中使用的原始图片——蓝色山脉——并点击打开按钮。此时，该图片就被导入到场景舞台区中了，如图10.32所示。

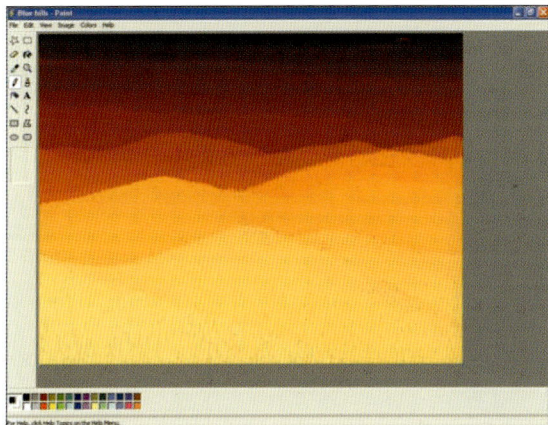

图10.31 改变该图形的颜色。

图10.32 将原始的图片导入到场景舞台区中。

169

11. 将你刚刚导入的图片所在的图层命名为"原始的"。

12. 在图层面板（Layers palette）上点击插入图层（Insert layer）按钮以创建一个新图层。

13. 将这个新图层命名为"着色的"。

14. 按Ctrl+R键打开导入对话框。

15. 点击你在上面的步骤5至7中所创建的图片文件（本例中，该文件为"蓝色山脉1"）并点击打开按钮。此时，该文件就被导入到场景舞台区中了，如图10.33所示。

16. 在图层面板上点击插入图层按钮以创建一个新图层，并将该新图层命名为"遮罩"。

17. 创建一个矩形，并让其高度及宽度都和图10.34中的图形相似。在你制作完遮罩层后，这个矩形将作为"洞"来使用。

18. 右击遮罩图层并从弹出的菜单中选择遮罩图标。

19. 现在该让你制作的物体动起来了。开始时，在"原始的"图层上右击第十个帧并从弹出的菜单中选中插入关键帧图标。

20. 分别在"着色的"图层和遮罩图层上重复上面的步骤19。此时，在第十个帧的不同图层上，你应该有3个关键帧，如图10.35所示。

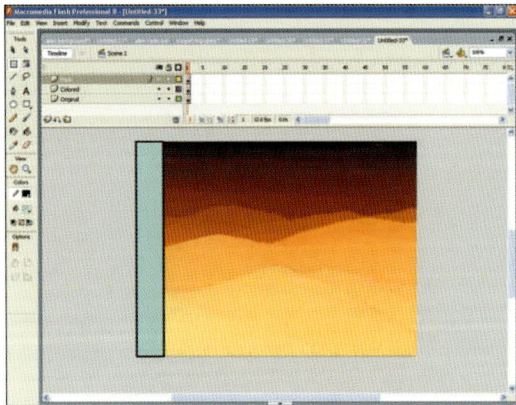

图10.33 将要编辑的图片导入到其自己的分隔层上。

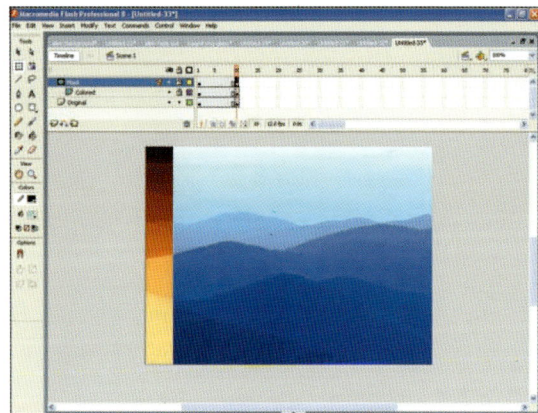

图10.34 创建一个矩形，并让其高度及宽度都和你在左图中所看到的相似。

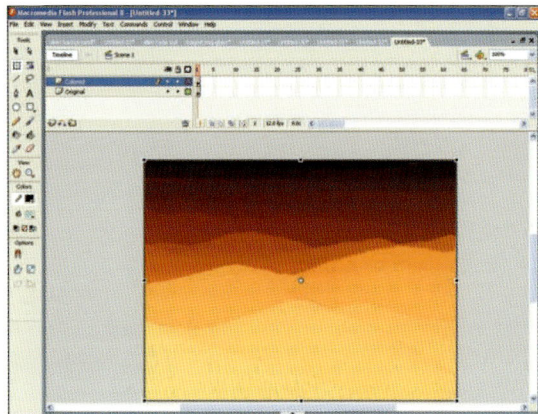

图10.35 分别在第十个帧的每一个图层上创建关键帧。

21. 右击位于遮罩图层的第一个和第九个帧之间的任意一个帧并从弹出的菜单中选择制作运动渐变动画（Create motion tween）图标以将运动渐变动画运用到这个图层上。

22. 为了对运动渐变动画进行编辑，你需要将遮罩图层解锁。开始时，点击选中第十个帧。

23. 在遮罩图层中点击锁图标以将该图层解锁。现在，你会看见带有填充色的矩形位于被改变了颜色的图片上。利用选择工具，将矩形移动到场景舞台区中的另一侧，如图10.36所示。

24. 再次点击锁图标以将该图层重新上锁。

25. 按Ctrl+Enter键播放动画。在播放的时候，矩形会在场景舞台区中由左向右地移动，在其移动的过程中，你会在矩形上看到被改变颜色的图形，如图10.37所示。

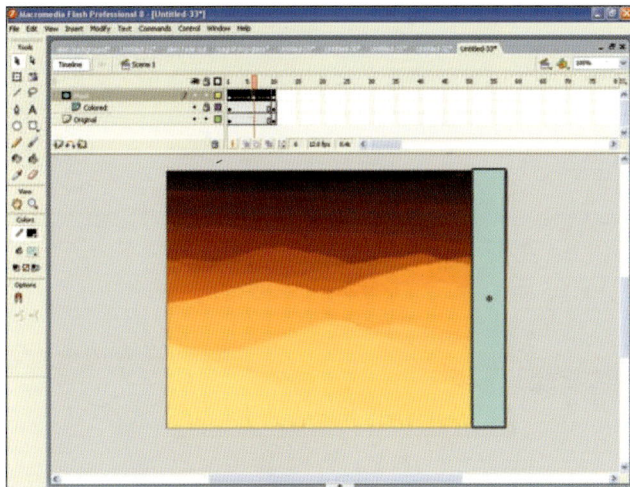

图10.36 将矩形定位在场景舞台区的最右侧。

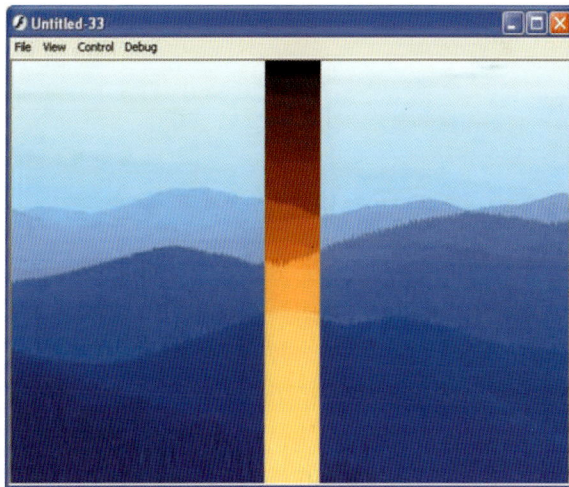

图10.37 在你播放动画的时候，上面的这个矩形条也在移动，你在它上面可以看到被改变颜色的图形。

制作舞动的动画线条（Dancing cartoon lines）

在本节中我想要谈的是能够制作出让人极度兴奋的、给人以动感幻觉的一部分，我称其为"舞动的动画线条"。其最终的效果是：线条看上去就好像在围绕着你创建的物体移动。你或许已经在动画、卡通或是电视上看到过这种效果，但在一个特别的物体上来观看这种效果感觉会更神奇。

1. 在场景舞台区中制作或是导入一个图形。在本例中，我使用的是一张车的图片。

2. 将该图形所在的图层命名为"原始的"。

3. 点击位于图层面板（Layer palette）中的插入图层（Insert layer）按钮以创建一个新图层。

4. 将新图层命名为"线条"。

5. 利用钢笔工具（Pen tool）在"线条"图层上围绕着车的四周不停地点击以在其周围创建出一条轮廓线，如图10.38所示。

> 如果你愿意，你也可以用铅笔工具（Pencil tool）或是画笔工具（Brush tool），以体验不同工具所绘制的线条的厚度级别，这样，你就能够看出哪一种工具的效果最好了。

6. 点击位于图层面板中的插入图层按钮以创建一个新图层。

7. 将新图层命名为"遮罩"。

8. 在"遮罩"图层上创建一个和图10.39中相似的矩形。

9. 右击"遮罩"图层并从弹出的菜单中选择遮罩（Mask）图标。

10. 现在该要你所创建的物体动起来了。开始时，在"原始的"图层上右击第十个帧并从弹出的菜单中选择插入关键帧。

图10.38 在车的四周创建出一条轮廓线。

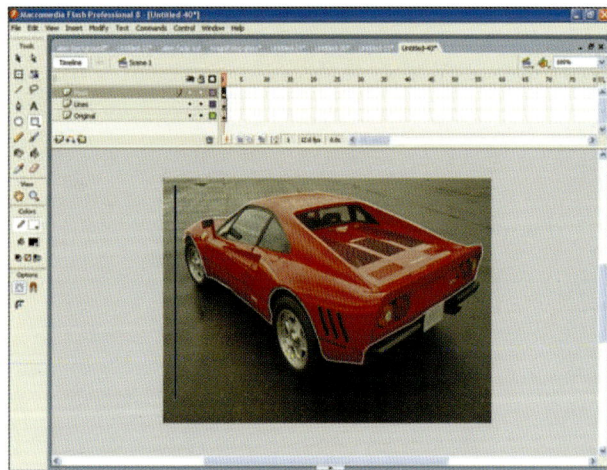

图10.39 创建一个和上图中一样的窄窄的矩形。

11. 分别在"线条"图层和"遮罩"图层上重复上面的步骤10。此时，在第十个帧上应该有3个关键帧，如图10.40所示。

12. 右击位于在"遮罩"图层的第一个和第九个帧之间的任意一个帧并从弹出的菜单中选择制作运动渐变动画（Create motion Tween）图标以将运动渐变动画运用到这个图层上。

13. 要想在该图层上编辑运动渐变动画，你需要将该图层解锁。开始时，点击并选中第十个帧。

14. 在"遮罩"图层上点击锁图标以将其解锁。你会再次看到那个矩形的轮廓线。

15. 利用选择工具将矩形移到场景舞台区中的另一侧。

16. 点击锁图标以将该图层重新锁上。

17. 按Ctrl+Enter键播放动画。在播放的时候，物体周围的轮廓线看起来就像是在移动着的。

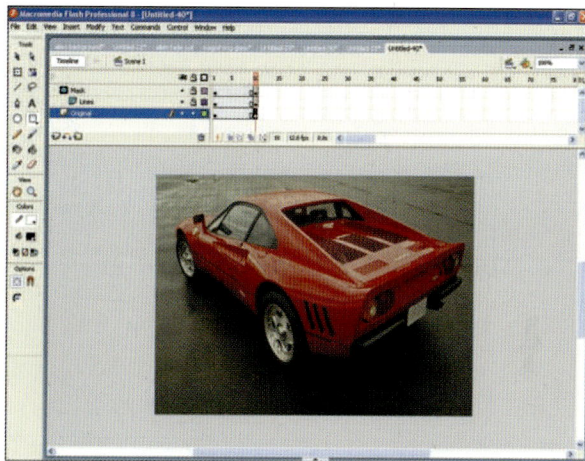

图10.40 分别在第10个帧的每一个图层上创建关键帧。

往池塘里扔石头（Tossing rocks in a pond）

还有什么比这样一种场景——往池塘里扔石头并在旁边观看湖面上的层层涟漪——更安静的呢？你可以通过创建几个简单的形状渐变动画（Shape Tween）来将该场景在Flash中重新展示出来。在本例子中，我将让几个圆动起来从而制作出涟漪效果。当然，你也可以使用其他的任何图形作为背景画面来制作出这样一种效果。

1. 在一个分隔图层上为你所制作的图形创建一个背景画面。在本例中，我创建了如图10.41中的这样一个场景，并把该场景所有的物体都放在一个名为"背景"的图层上。

2. 创建一个新图层并将其命名为"第一层涟漪"。

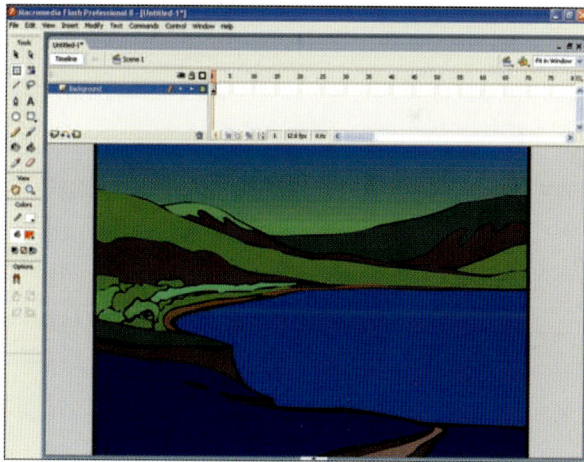

图10.41 创建一个背景画面。

3. 在"第一层涟漪"图层上创建一个很小的卵形物体，如图10.42所示。

4. 点击背景图层上的第十个帧并按F6键创建一个关键帧。

5. 在位于"第一层涟漪"图层的第十个帧上重复上面的步骤4。

6. 在"第一层涟漪"图层上点击第一个帧，然后按Ctrl+F3键打开属性察看器窗口。

7. 在渐变动画下拉菜单中选择形状（Shape）图标，如图10.43所示。然后按Ctrl+F3键来将属性察看器窗口关上。

8. 点击"第一层涟漪"图层上的第十个帧。

9. 在键盘上按住Alt键并用任意变形工具来扩大卵形物体所覆盖的范围，这样它就能够占据池塘的大部分面积，如图10.44所示。

10. 按Shift+F9键打开混色器（Color mixer）。

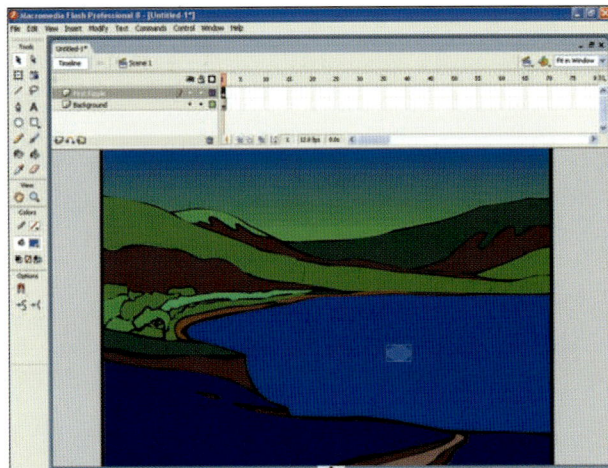

图10.42 在湖面上创建一个很小的卵形物体，如上图所示。

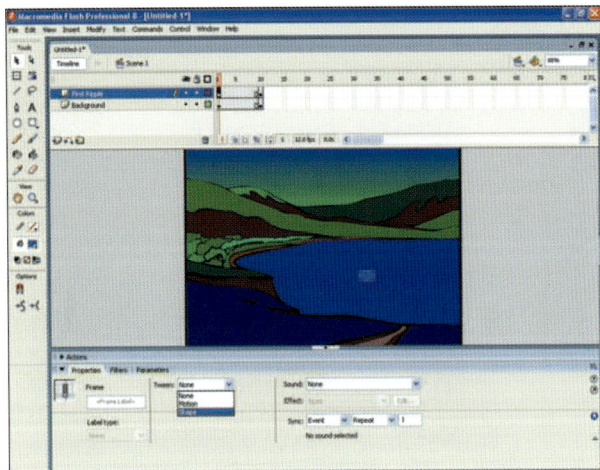

图10.43 从渐变动画下拉菜单中选择形状（Shape）图标。

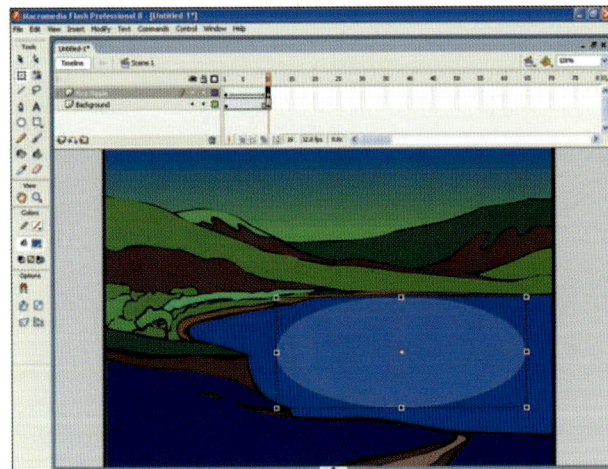

图10.44 扩大卵形物体的覆盖范围。

11. 将卵形物体选中并将透明度（Alpha value）设置为0，如图10.45所示，然后按Shift+F9键关闭混色器。

12. 按回车键(Enter)来预览动画，你会看到画面上出现了第一层涟漪。

13. 接下来你的任务是复制这个涟漪，将其交错排在其他的几个图层上。开始时，点击并拖动鼠标以选中"第一层涟漪"图层上的第一至十个帧。

14. 按Ctrl+Alt+C键来复制所选中的帧。

15. 点击选中背景图层上的第三十五个帧。

16. 按F6键将背景画面延伸到第三十五个帧上。

17. 创建一个新图层并将其命名为"第二层涟漪"。

18. 在"第二层涟漪"图层上点击第五个帧并按Ctrl+Alt+V键来将你在上面的步骤14中所复制的帧粘贴到该图层上。

19. 因为你已经将这些帧粘贴到第五个帧上，所以在播放动画的时候，画面上就会出现交错排列的涟漪。为了证明这一点，你可以现在就播放动画，此时，你会看到两层涟漪，它们一层接着一层地缓缓呈现，如图10.46所示。

20. 再创建两个图层，将其中一个命名为"第三层涟漪"，将另一个命名为"第四层涟漪"。

21. 点击"第三层涟漪"图层上的第十个帧并按Ctrl+Alt+V键来将刚才所复制的帧粘贴到该图层上。

22. 点击"第四层涟漪"图层上的第十五个帧并按Ctrl+Alt+V键来将刚才所复制的帧粘贴到该图层上，如图10.47所示。

23. 播放你所制作的动画，此时你会看到一个以一层层涟漪交错排列为表现内容的动画场景。

实例练习（Now you try）

在刚才所制作的动画的基础之上，通过再添加这样一个画面：一个人在涟漪开始的地方扔石头，来制作出一部内容更加丰富的动画。尽量将人扔石头的画面设计得和图10.48中的一样。

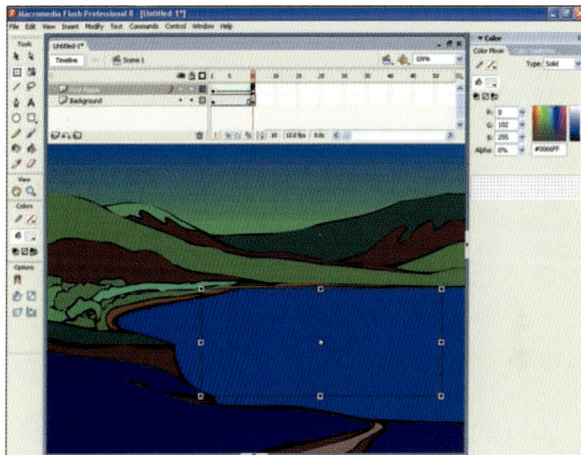

图10.45 将透明度（Alpha value）设置为0，这样，我们就可以在第十个帧上很清晰地看到这个卵形物体了。

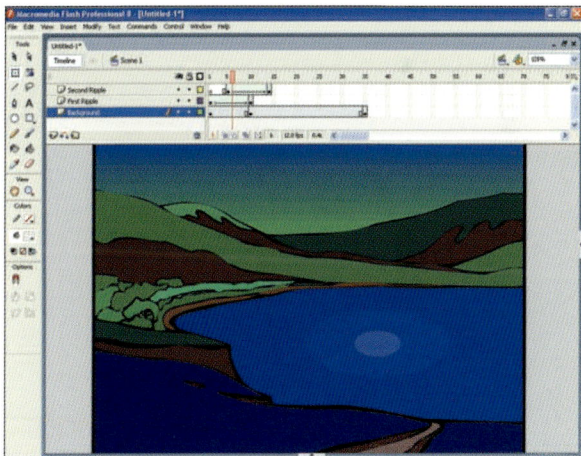

图10.46 你现在能够看到两层涟漪。

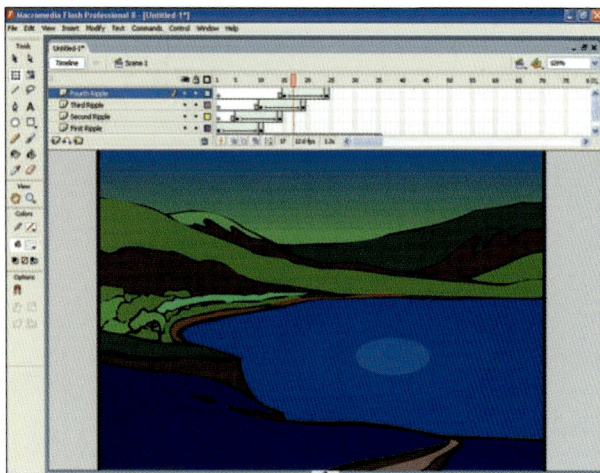

图10.47　时间轴（Timeline）上应该有4层涟漪。

图10.48　添加一个在往池塘里扔石头的人的画面。

专家文档

姓名：德莫特·奥康纳
工作单位：呆虫网络公司（idleworm）
URL：http://www.idleworm.com/how/index.shtml

你是如何学习Flash的呢？ 我使用的是《适用于Windows系统和Macintosh系统的Flash 4制作》（Flash 4 for Windows and Macintosh）这本书，该书是《可视化速学》（Visual Quickstart）系列丛书中的一部分。该学习手册简单易学，而且里面配有很好的插图。我并没有上过学习班也没有向谁特意学习过，好多东西都是靠自己慢慢摸索积累起来的。

你是怎样开始使用Flash的呢？ 一旦将《适用于Windows系统和Macintosh系统的Flash 4制作》这本书握在手中，用起来就容易了。再说，我以前就是个训练有素的动画制作者，所以刚开始时，我使用Flash的相关程序来将我手绘的图画汇编在一起。那当然要浪费很长时间了，因为我需要整理那些手绘图画——要用黑色的实线来将其重描一遍，然后再将其扫描和着色。当时比较保守的动画制作者所使用的Flash功能就至此为止，而不愿再尝试有关该程序的其他更加先进的功能。几年后，我意识到通过将角色放到图层这一技术可以给我节省大量的时间。我先删除角色的头部，然后将其转化为一个符号，在角色移动的时候再将其重新定位。这样省去了长达几个小时的绘画时间，同时也减少了文件所占的空间。后来，我又灵机一动，将组成角色的各个部位分门别类地放在其各自的图层上———一个作为身躯图层，一个作为上肢图层，一个作为脚图层，一个作为手图层等等。该过程和3D动画中处理角色图形的方式很相似，其先后被许多人在不同程度上自主研发并取得了很好的成绩。

你最常使用的功能或者工具是什么呢？ 将一个动画符号插入到另一个动画符号内部的功能是Flash程序中最强的功能。比如，我创建一个正说着话的嘴的符号，然后我可以将这个动着的嘴的符号放到一个头的符号之中，并通过旋转（Rotate）技术和运动渐变动画(Motion-tween)的功能对其加以处理，使这个头的图形看上去就如同角色在说话一般。接着，头的符号也可以插入到另一个含有整个身体的符号之中，这样可以依次没有限制地做下去，使得你所制作的动画内容逐渐丰富起来。

就Flash而言，你最喜欢它哪点？ 我最喜欢的是它的速度和简单性。15年前，我们必须用手来做一切事情，包括内插图。当时制作动画不仅需要耐力，还需要技巧。而如今我们使用运动渐变动画就能将一切都简单化了。就在10年前，我还在用手绘制这些内插图，那真是一个吃力的过程。真的很开心以后再也不用做那些了。

你是如何做到让自己制作的动画与众不同呢？ 大部分人在使用Flash的形体渐变动画（shape tween）功能和处理角色（我是指将人物图形分割开来并分别放在许多图层上）这两个方面没有我做得到位。我创建了一系列的嘴巴图形，这些图形可以插入到任何一个序列之中，这是为了创建一些非常自然的对话情景而专门制作的。我所制作的最复杂的角色是由100多个图层组合而成的，当然，这些图层制作过程观众是看不到的。

制作出一部非常出色的动画有什么秘诀呢？ 让角色看上去如同在思考一般。迪斯尼的那些老家伙们称其为"生命的幻觉"。当然，并非每个人都能制作出那样的效果，如果你能让你所创建的角色给人一种生动的感觉，就表明你已经有资格做一名动画制作者了，这点是最难做的。

关于使用Flash你有什么好的方法来与读者分享吗？

1. 让你的文件保持井然有序，我的意思是在你给一些符号命名时，要格外细心。如果你的库(Library)中满是类似于"符号1"、"符号2"这样的东西，你将很难取得进步。给你的符号起一些有意义的名称吧！

2. 避免使用群组工具。许多人会用它作为创建符号的替代工具。但用该工具会出现这样的问题：被分组的物体会被隐藏在一个很大的文件中，这让你很难操作它们。相比较而言，找到一个符号就容易得多了，同时，对这些符号做全面的修改也更容易。

3. 不要害怕使用形状渐变动画制作功能。该功能用起来是有点怪怪的，而且通常将图形也处理得怪怪的，不过没关系，你可以使用外形提示（Shape hints）功能来解决这个问题，它可以将物体固定下来。一定要有耐心。如果外形提示功能不起作用，试着换个图形。要记住：在你使用外形提示功能时，你的文件有可能会遭到损坏，所以一定要先将你的文件备份。

4.　也许你有时想要做点大胆的尝试，这时，你需要将你所制作的动画进行备份以免做完后你还是想恢复到先前的状态。我会创建一个图层，将我想保存的动画复制、粘贴到该图层上，然后将该图层设置为一个引导（Guide）层。然后，我将该图层给隐藏起来。这样在我制作一个动画设计软件（SWF）时，它就不会被导出。而如果我认为我刚才的大胆尝试是以失败告终的，那我还可以将其恢复到先前的状态。

你有一些制作动画的好的方法来让我们的读者与你分享吗?
经常在纸上快速地勾画出一个个缩略图。如果你在制作动画的过程中遇到了难题，那么解决问题的最好方案就是将几幅图同时放在一张纸上，并让其相应的动作显示出来，其风格就像漫画书一样。你可以在上面做笔记，添加指示运动方向的箭头，你甚至可以在上面筹划好时间的安排情况。这将有助于使你最终制作出的动画内容更加丰富，并使其显得不是那么呆板。

对于Flash动画制作的初学者，你有一些其他的建议吗? 不要太好强了，你可能会犯的最大的错误是做一些远远超出你能力范围的事情。刚开始时，应该制作一些在你的能力之内的动画，一个实际有效的学习制作动画的过程如下:

1.　将几个基本的动作场景做成动画，比如:一个弹跳的球、一个正在某处跳动的人、一个步行的过程以及一个跑步的过程。要将这些人物设计得简单些，不要添加过多的长头发或是衣服，否则整页插图就显得有些臃肿了。

2.　将一个简单的角色做成动画，播放起来也就10秒钟，你最好制作一部滑稽些的动画，能够让你笑出声来的那种，否则，你很快就会对动画制作失去兴致的。

3.　在你具备了一定的基础后，可以相应地加长动画播放的时间，比如做一部30秒的动画。此时，你需要检验一下你的组织技能是否能达到制作该长度的动画的要求。一般情况下，你需要创建一个"场景清单"——列下你所制作的动画中的所有的场景及其所需元素（如背景、效果等）的表格。在完成了一个情景之后，你就可以将其从清单上划去。

4.　制作完30秒的动画之后，你会对一部能够持续1分钟的动画有种敬畏的感觉——也许一分钟的动画听起来没有多少内容，但事实上正相反。如果你能够制作出一部吸引人的1分

钟长的动画，就表明在这方面你已经够格进入制作动画的领域了。在专业动画1.A级中有很大比例的人从未制作过他们自己的电影，他们只在别人的动画电影中从事简单的工作。它意味着你距离动画电影方向还有多远。Flash的优点在于它使我们可以更加经济地创作漫画。

例子

第十一章
可以为你提供帮助的资源

我写这本书的目的是为了让广大动画制作爱好者在Flash制作方面打下坚实的基础。但坦白地说，本书并未将Flash程序功能的方方面面都覆盖到。那么接下来该如何做呢？如何将自己从业余的Flash制作者提升到专业的Flash制作者之列呢？我认为最好的方法就是实践、实践再实践。你所制作的动画作品越多，你对Flash程序用得也就会越得心应手，而相应的你也就能够制作出更多的高质量的动画作品。在不断学习的过程中，如果你遇到困难，许多资源都可以为你提供帮助。即使你没有被困难卡住，如果你想学习有关Flash的其他功能，一些此书没有提到的功能，这些资源对你来说也是相当有用的。本章将一一介绍可以为你提供帮助的资源以及如何才能找到更多的Flash知识的资源。

利用Flash的内部帮助（Internal help）

从Flash中获取帮助的捷径是使用其程序的内部帮助功能，你可以通过按F1键随时将该功能打开。打开后，页面上会出现帮助窗口（Help window），该窗口分成两个部分，如图11.1所示，其左边是你可以从中作出选择的各种不同的主题类别，右边显示的是对你所选中的主题的详尽描述。

搜索（Searching）

在帮助窗口的顶部你会发现一个搜索栏（Search field），在这个栏里你可以键入你想要找的主题。比如说你想要学习更多的有关ActionScript（脚本程序）的功能，你需要在搜索栏里键入Action Script，然后点击搜索按钮。此时一列含有单词"Action"或是"Script"或是"ActionScript"的主题就出现了。现在试着再搜索一次，但这次将刚才的两个词加上引号，即"Action Script"。

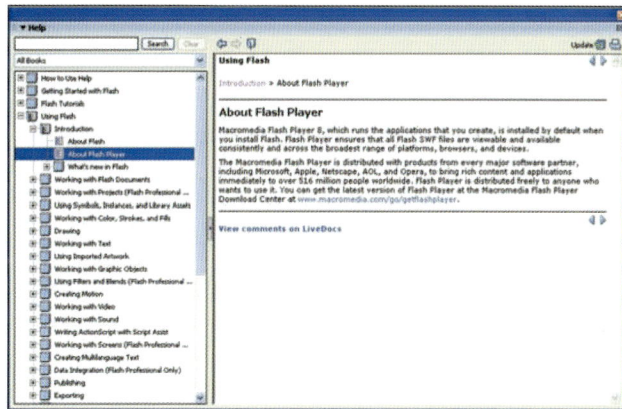

图11.1 帮助窗口分为两个部分，即左侧是主题，右侧是对主题的描述。

在你获得搜寻结果时，你会发现这次和你所搜寻的内容相匹配的主题和刚才比起来就少了许多（见图11.2）。这是因为你在所搜寻的词上加上引号以后，Flash只搜寻含有和你所键入的内容相匹配的文档。（顺便说一下，你将注意到，尽管你没有严格地按照ActionScript这种写法将其键入到搜索栏中，但你仍然得到了你想要的结果。）

在你找到一个和你所搜寻的内容相匹配的主题后，将其点击一下，这时，在窗口的右侧就会出现有关该主题的详尽的描述。你随时都可以点击清除键(Clear button，如图11.3中所示)来将你刚才所搜索的术语清除并返回到之前的状态。

浏览（Browsing）

或许你不是要搜寻一个具体的主题，你只是想简单地浏览一下有关帮助主题的类别。你只需在帮助窗口的左侧简单地点击任意一个主要的帮助类别。（如果类别没有显示出来，试着点击一下清除键。）位于类别下方的所有的主题都会显示出来，如图11.4所示。

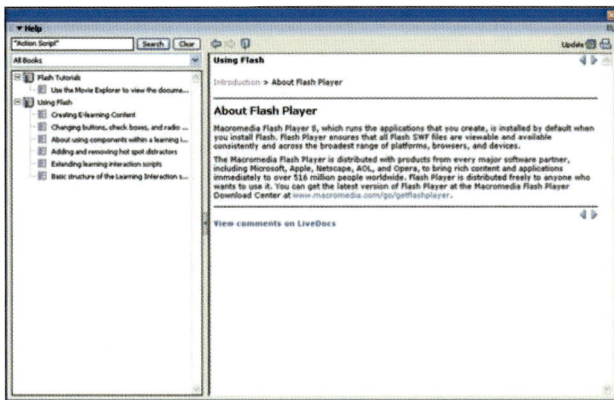

图11.2　在你要搜寻的术语上加上引号以让Flash的帮助系统为你搜寻到精确的结果。

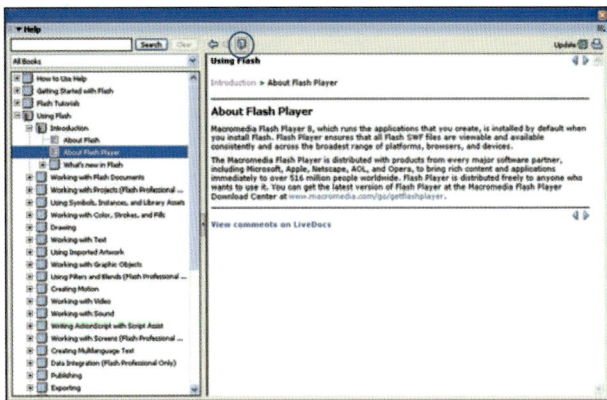

图11.3　点击清除键来删除你刚才所搜寻的内容以便于你查看所有可以利用的帮助主题。

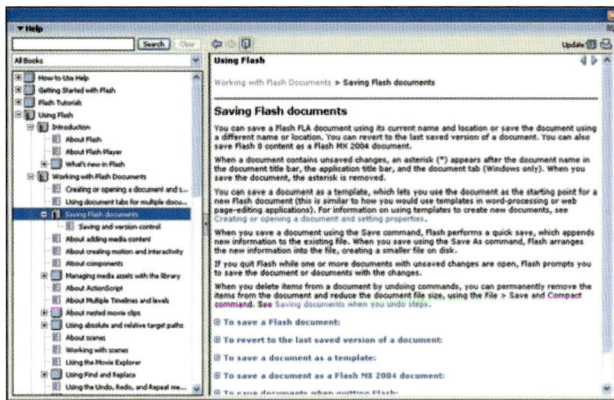

图11.4　点击一个类别或是位于该类别旁边的加号（Plus sign）标志以查看该类别的主题。

如果在一个类别的旁边有个小小的加号，这就表明在该类别里面还有一些子类别。你可以通过点击这个加号来查看这些子类别。在你发现一个你想要查看的主题后，将其点击一下，这时，有关该主题的信息就会出现在窗口的右侧，你可以通过点击位于窗口右上角的三角符号来浏览这些信息，如图11.5所示。

在帮助主题中，你也许会看到一些很小的蓝色加号标志，它们表示该主题有扩展的内容，你可以通过点击这些加号来查看其扩展的内容。

利用Flash的在线帮助功能（Online Help）

除了通过Flash的内部程序获取帮助之外，Flash还提供了一个网站，通过该网站你能够接触到一些帮助文件。要想获得该网站，你需要点击Flash的帮助菜单（Flash's Help menu）并选择Flash支持中心（Flash Support Center），在你打开支持中心的页面以后，默认的网页浏览器（Default web browser）也就打开了（见图11.6）。与Flash的内部帮助系统极为相似的是，你也可以在这个网站中键入你想要搜索的主题。除了具有帮助搜寻主题的功能之外，该网站还具有一些其他的功能，其中包括相关的联系方式、讨论小组、软件的使用说明、所支持的范围以及用户组等。我建议你花一些时间点击一下这些不同的链接以查看一下哪些对你比较有用。

找到更多的在线帮助（More help online）

在我接着介绍这一节之前，我想给大家一个忠告：就网上的Flash教程而言，网页上出现的大都是对其大肆宣传的部分，而实质性的内容则是少之又少。如果你不相信，请登陆谷歌（Google）的搜索引擎并键入Flash tutorials(Flash教程)或是Flash help(Flash帮助)，你会看到成百上千个网络链接。单

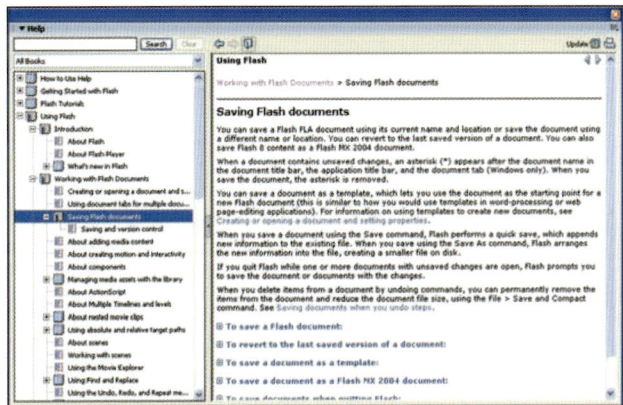

图11.5 使用箭头键来浏览帮助文件。

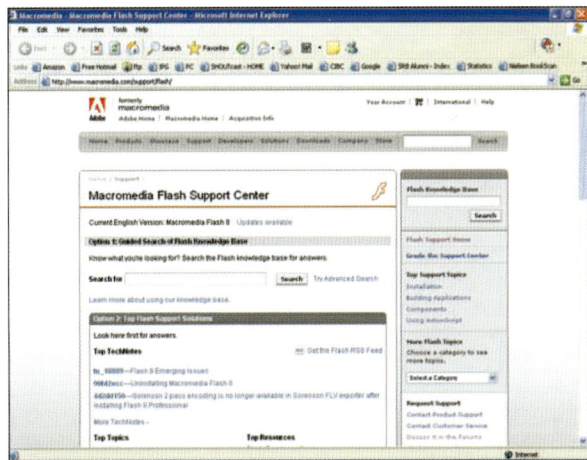

图11.6 Flash支持中心能够提供各式帮助资源。

看这么多的链接，你肯定认为绝对能够通过它们找到有用的教程或是相关的信息，但不幸的是，事实上大部分免费的Flash帮助网站只是谈及一些有关Flash的基础知识——你已在本书中学过的知识。如果你真的想寻求帮助，我建议你坚持使用一些相关的书籍和视频。如果你执意要使用网页上的知识，那就搜寻一些具体一点的辅导教程。比如，你在某个你想要复制的网页上看到一个具有很好效果的有趣的Flash——也许其中包含一个很棒的遮罩层效果，那就在谷歌（Google）的搜索引擎中键入对刚才所看到的效果的描述性字眼，看能不能找到一些介绍如何制作出此效果的教程。

你在网上搜寻到的结果也许只有短短几行的帮助指示，但它们能够激发出你对动画制作的许多灵感。在谷歌搜索引擎中键入Cool flash sites(很酷的Flash网站)或者Flash cartoons(Flash动画)，你会发现许多可以激发你灵感的网站。

采集Flash书籍和相关视频（Flash books and videos）

本书是对Flash制作的简单介绍，是一本入门书籍，其他的相关资源能够将你引入到Flash制作的不同方向或是把你带到更加高层次的主题上去，其中的大量资源也对Flash的众多用处加以详尽地探讨，比如，里面只涉及到网页动画制作的资源，主要介绍Flash动画制作的资源并概述如何使用Flash来制作游戏的资源等等。为了带你进入Flash动画下一个阶段的学习，以下我提供了汤姆森课程中的其他的几个可利用的资源：

◆ Macromedia Flash 8 Revealed, Deluxe Education Edition by James Shuman. ISBN: 1-4188-4309-1.

◆ Macromedia Flash 8 Interactive Movie Tutorials, Starter by James Shuman. ISBN: 1-4188-6011-5.

◆ Macromedia Studio 8 Step-by-Step: Projects for Dreamweaver 8, Fireworks 8, Flash 8, and Contribute 3 by Jay Heins, Scott Tapley, and Skipper Pickle. ISBN: 0-619-26709-7

◆ CourseCard: Flash MX 2004. ISBN: 0-619-28687-3.

◆ Course ILT: Flash MX: Basic with CD + CBT. ISBN: 1-4188-4522-1.

◆ Course ILT: Flash MX 2004 Advanced. ISBN: 0-619-20419-2.

显然，在网上和书店的其他出版商那里还有许多可利用的资源，一旦你确定了在某个领域你需要更多帮助，我希望你会主动查找这些不同的资源。

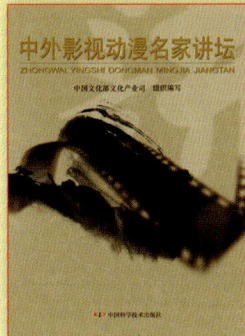

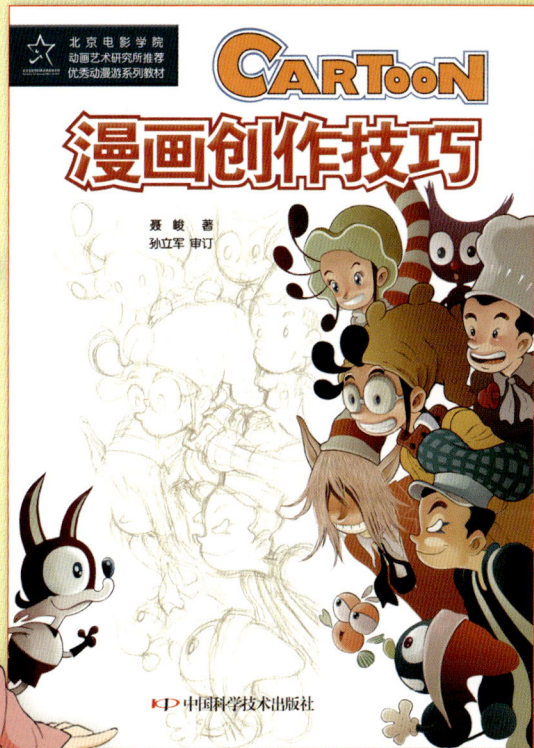

优秀动漫游系列教材

本系列教材中的原创版由北京电影学院、中央美术学院、中国人民大学、北京工商大学等高校的优秀教师执笔，从动漫游行业的实际需求出发，汇集国内最优秀的动漫游理念和教学经验，研发出一系列原创精品专业教材。引进版由日本、美国、英国、法国、德国、韩国、马来西亚等地的资深动漫游专业专家执笔，带来原汁原味的日式动漫及欧美卡通感觉。

本系列教材既包含动漫游创作基础理论知识，又融合了一线动漫游戏开发人员丰富的实战经验，以及市场最新的前沿技术知识，兼具严谨扎实的艺术专业性和贴近市场的实用性，以下为第一批推出的教材：

书　名	作　者
中外影视动漫名家讲坛	扶持动漫产业发展部际联席会议办公室 组织编写
动画电影创作——欢笑满屋	北京电影学院 孙立军
动画设计稿	中央美术学院 晓 欧 舒 霄 等
Softimage 模型制作	中央美术学院 晓 欧 舒 霄 等
Softimage 动画短片制作	中央美术学院 晓 欧 舒 霄 等
角色动画——运用2D技术完善3D效果	[英]史蒂文·罗伯特
影视动画制作法务基础	上海东海职业技术学院 韩斌生
2D3D角色表情动画制作	[美]赖斯·帕德鲁
动画设计师手册	[美]赖斯·帕德鲁 等
Maya角色的造型与动画	[美]特瑞拉·弗拉克斯曼
Flash 动画入门	[美]埃里克·格瑞帕勒
二维手绘到3D动画	[美]安琪·琼斯 等
概念设计	[美]约瑟夫·康斯里克 等
动画专业入门1	郑俊皇 [韩]高庆日 [日]秋田孝宏
动画专业入门2	郑俊皇 [韩]高庆日 [日]秋田孝宏
动画制作流程实例	[法]卡里姆·特布日 等
动画故事板技巧	[马]史帝文·约那
Photoshop全掌握	[马]斯卡日·许 夏 娃
Illustrator动画设计	[韩]崔连植 陈数恩
Maya-Q版动画设计	中国台湾省岭东科大 苏英嘉 等
影视动画表演	北京电影学院 伍振国 齐小北
电视动画剧本创作	北京电影学院 葛 竞
日本动画全史	[日]山口康男
动画背景绘制基础	中国人民大学 赵 前
3D动画运动规律	北京工商大学 孙 进
影视动画制片	北京电影学院 卢 斌
交互式动画教程	北京工商大学 张 明 罗建勤
Flash 动画制作	北京工商大学 吴思淼
趣味机器人入门	深圳职业技术学院 仲照东
定格动画技巧	[英]苏珊娜·休

如需订购或投稿，请您填写以下信息，并按下方地址与我们联系。

联 系 人	
学　　校	
专　　业	
联系地址	
电　　话	
邮　　箱	

★地　　址：北京市东城安德路甲61号红都商
　　　　　务中心转中国科学技术出版社
★邮政编码：100081
★电　　话：010-62173038　15010093526
★邮　　箱：dongman@vip.163.com
★http://jqts.mall.taobao.com
★http://www.cicom.cc

北京电影学院动画艺术研究所推荐优秀动漫游系列教材

ANiMATiON

影视动画表演

伍振国 齐小龙 著
孙立军 审订

中国科学技术出版社

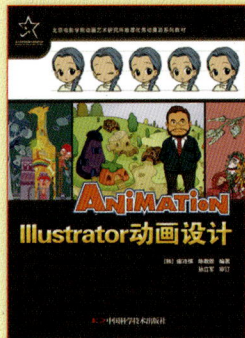

北京电影学院动画艺术研究所推荐优秀动漫游系列教材

ANiMATiON

Illustrator动画设计

盛洁琳 陈楠楠 编著
孙立军 审订

中国科学技术出版社

北京电影学院动画艺术研究所推荐优秀动漫游系列教材

ANiMATiON

Maya-Q版动画设计

苏沫鑫阳 编著
孙立军 审订

中国科学技术出版社

北京电影学院动画艺术研究所推荐优秀动漫游系列教材

ANiMATiON

动画制作流程实例

[美] 卡拉纳 特利约格 编著
孙立军 审订

中国科学技术出版社

北京电影学院动画艺术研究所推荐优秀动漫游系列教材

ANiMATiON

动画电影创作
——欢笑满屋

孙立军 著

中国科学技术出版社

北京电影学院动画艺术研究所推荐优秀动漫游系列教材

ANiMATiON

交互式动画教程
——Virtools+3DS MAX虚拟技术整合

陈 剑锋 编著
孙立军 审订

中国科学技术出版社

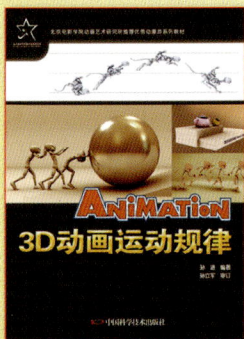

北京电影学院动画艺术研究所推荐优秀动漫游系列教材

ANiMATiON

3D动画运动规律

孙 进 编著
孙立军 审订

中国科学技术出版社

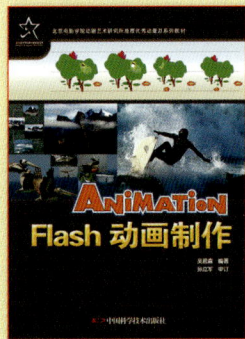

北京电影学院动画艺术研究所推荐优秀动漫游系列教材

ANiMATiON

Flash 动画制作

吴越鑫 编著
孙立军 审订

中国科学技术出版社

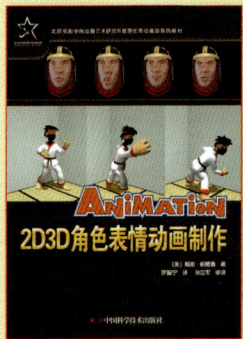

北京电影学院动画艺术研究所推荐优秀动漫游系列教材

ANiMATiON

2D3D角色表情动画制作

[美] 乔 蔓 狄 著
罗振宁 译 孙立军 审订

中国科学技术出版社

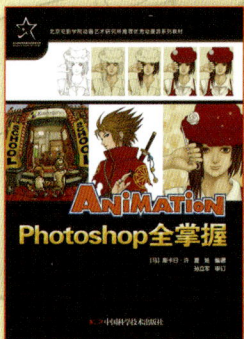

北京电影学院动画艺术研究所推荐优秀动漫游系列教材

ANiMATiON

Photoshop全掌握

[马] 斯卡日 许 编著
孙立军 审订

中国科学技术出版社

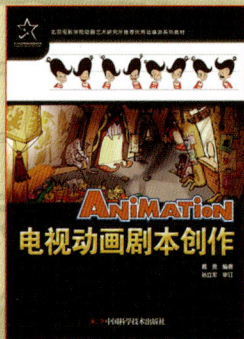

北京电影学院动画艺术研究所推荐优秀动漫游系列教材

ANiMATiON

电视动画剧本创作

戚 隽 编著
孙立军 审订

中国科学技术出版社

北京电影学院动画艺术研究所推荐优秀动漫游系列教材

ANiMATiON

动画专业入门1

陆盈盈 [韩] 禹庆日 [日] 秋田孝治 编著
孙立军 审订

中国科学技术出版社

北京电影学院动画艺术研究所推荐优秀动漫游系列教材

ANiMATiON

动画专业入门2

陆盈盈 [韩] 禹庆日 [日] 秋田孝治 编著
孙立军 审订

中国科学技术出版社

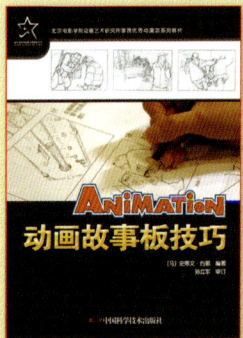

北京电影学院动画艺术研究所推荐优秀动漫游系列教材

ANiMATiON

动画故事板技巧

[美] 史蒂文 凯普 编著
孙立军 审订

中国科学技术出版社

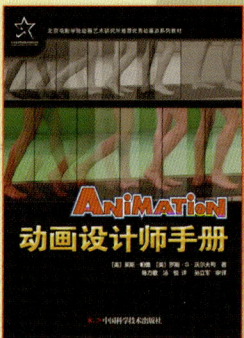

北京电影学院动画艺术研究所推荐优秀动漫游系列教材

ANiMATiON

动画设计师手册

[美] 理琪 希德 [美] 罗路 B 沃尔夫鸟 著
孙力卿 汤 悦洋 孙立军 审订

中国科学技术出版社

北京电影学院动画艺术研究所推荐优秀动漫游系列教材

ANiMATiON

Flash 动画入门

[美] 埃里克 葛罗布勒 编著
孙 哲 等译 孙立军 审订

中国科学技术出版社